普通高等教育系列教材

Python 3 程序设计基础

周元哲　编著

机 械 工 业 出 版 社

本书对 Python 3 进行了全面的阐述，内容分为基础和应用两部分。其中，基础部分包括 Python 编程概述、基本数据类型、组合数据类型、输入输出文件、顺序与选择结构、循环结构、函数与模块、面向对象程序设计基础。应用部分包括图形用户界面、科学计算、网络爬虫、数据库应用、Web 开发、电子游戏开发和异常处理与测试。附录给出了全国计算机等级考试二级 Python 语言程序设计考试大纲、Python 内置函数和基础部分的习题的参考答案。

本书适合作为高等院校相关专业 Python 程序设计的教材或教学参考书，也可供从事计算机应用开发的各类技术人员参考，亦可作为全国计算机等级考试、软件技术资格与水平考试的培训资料。

本书配套授课电子课件，需要的教师可登录 www.cmpedu.com 免费注册，审核通过后下载，或联系编辑索取（QQ：15910938545；电话：010-88379739）。

图书在版编目（CIP）数据

Python 3 程序设计基础 / 周元哲编著. —北京：机械工业出版社，2019.6（2025.1 重印）
普通高等教育系列教材
ISBN 978-7-111-62778-4

Ⅰ. ①P…　Ⅱ. ①周…　Ⅲ. ①软件工具－程序设计－高等学校－教材
Ⅳ. ①TP311.561

中国版本图书馆 CIP 数据核字（2019）第 096041 号

机械工业出版社（北京市百万庄大街 22 号　邮政编码 100037）
策划编辑：郝建伟　　责任编辑：颉　天
责任校对：张艳霞　　责任印制：李　昂

北京捷迅佳彩印刷有限公司印刷

2025 年 1 月第 1 版 · 第 7 次印刷
184mm×260mm · 15.5 印张 · 384 千字
标准书号：ISBN 978-7-111-62778-4
定价：59.00 元

凡购本书，如有缺页、倒页、脱页，由本社发行部调换

电话服务	网络服务
客服电话：010-88361066	机 工 官 网：www.cmpbook.com
010-88379833	机 工 官 博：weibo.com/cmp1952
010-88326294	金 书 网：www.golden-book.com
封面无防伪标均为盗版	教育服务网：www.cmpedu.com

前　言

百年大计，教育为本。习近平总书记在党的二十大报告中强调“教育、科技、人才是全面建设社会主义现代化国家的基础性、战略性支撑”，首次将教育、科技、人才一体安排部署，赋予教育新的战略地位、历史使命和发展格局。需要紧跟新兴科技发展的动向，提前布局新工科背景下的计算机专业人才的培养,提升工科教育支撑新兴产业发展的能力。

计算机科学是建立在数学、物理等基础学科之上的一门基础学科，对于社会发展以及现代社会文明都有着十分重要的意义。

程序设计语言是计算机基础教育的最基本的内容之一。

Python 已经成为继 Java、C++之后的第三大语言，作为一种面向对象的解释型计算机程序设计语言，具有简单易学、免费开源、丰富和强大的库等特点。

本书内容分为基础部分和应用部分。其中，基础部分包括 Python 编程概述、基本数据类型、组合数据类型、输入输出文件、顺序与选择结构、循环结构、函数与模块、面向对象程序设计基础。应用部分包括图形用户界面、科学计算、网络爬虫、数据库应用、Web 开发、电子游戏开发和异常处理与测试。附录给出了全国计算机等级考试二级 Python 语言程序设计考试大纲、Python 内置函数和基础部分的习题答案。

学习 Python，最重要的是学习编程思想，Python 2 和 Python 3 只是存在少量的语法差异，其编程思想基本共通。本书的作者多年从事计算机编程语言的教学工作，编写过 C 语言、VB 6.0、VB.NET、Python 2、算法等相关教材，一直致力于培养学生掌握编程思想及编程方法，意在提高学生的编程开发能力。学习编程语言的重要方法就是去实践，本书的所有程序都在 Anaconda 进行调试和运行，希望读者注重读代码和写代码的异同点，注重养成编写代码的习惯。

本书内容精练、文字简洁、结构合理，实训题目经典实用、综合性强，明确定位面向初、中级读者，由“入门”起步，侧重“提高”；特别适合作为高等院校相关专业 Python 程序设计的教材或教学参考书，也可供从事计算机应用开发的各类技术人员参考，亦可作为全国计算机等级考试、软件技术资格与水平考试的培训资料。

在本书编写过程中，西安邮电大学惠小强、焦继业、孟伟君、张庆生、李晓戈审阅部分手稿，提出了很多宝贵的意见。本书参阅了大量中英文的专著、教材、论文、报告及网上的资料，由于篇幅所限，未能一一列出。在此，一并表示敬意和衷心的感谢。

由于编著者水平有限，时间紧迫，本书难免有疏漏之处，恳请广大读者批评指正。本书编著者的电子信箱是 zhouyuanzhe@163.com。

编著者

目　录

第 1 章　Python 编程概述

Python 是继 Java、C++之后的第三大程序设计语言。本章讲述了 Python 的发展历程、特点以及应用场合，介绍了 Python 在 Linux 和 Windows 下的安装步骤，IDLE、PyCharm 和 Anaconda 三个编辑器的安装和配置，最后给出了 Python 2.x 和 Python 3.x 的区别，以及学习 Python 的一些建议。

1.1　Python 简介

本节介绍 Python 的发展历程、特点，以及 Python 的应用场合。

1.1.1　Python 发展历程

Python 由 Guido van Rossum 于 1989 年底在荷兰国家数学和计算机科学研究所发明，第一个公开发行版发行于 1991 年。Python 2.0 于 2000 年 10 月 16 日发布，实现垃圾回收，并支持Unicode。Python 3.0 被称为 Python 3000，或简称 Py3k，发布于 2008 年 12 月 3 日，相对于 Python 的早期版本做了较大的升级，但未考虑向下相容，导致早期 Python 版本设计的程序无法在 Python 3.0 上正常执行。其中，Python 2.6 和 2.7 作为一个过渡版本，基本使用了 Python 2.x 的语法和库，同时考虑了向 Python 3.0 的迁移，允许使用部分 Python 3.0 的语法与函数。

2018 年 3 月，Python 作者宣布 Python 2.7 将于 2020 年 1 月 1 日终止支持，只支持 Python 3。

1.1.2　Python 特点

Python 具有简单、现代、类型安全、性能优良、效率高等特点，如下所示。

1）简单易学：Python 有相对较少的关键字，结构简单，语法简单，使得初学者快速养成良好的编码习惯，在学习过程中便于专注程序本身的逻辑和算法，易于快速上手学习。

2）易于阅读：Python 代码定义得更清晰。

3）丰富的数据类型：Python 具有序列、列表、元组和字典等数据结构，便于实现各种算法。

4）丰富的标准库：Python 具有众多的库，支持图形处理、科学计算、Web 开发、爬虫、人工智能等。

5）可移植：基于其开放源代码的特性，Python 被移植到许多平台，与 UNIX、Windows 和 MacOS 兼容。

6）可嵌入：Python 可以嵌入到 C/C++程序中，具有“脚本化”的能力。

7）面向对象：Python 是强面向对象的语言，程序中任何内容统称为对象，包括数字、字符串、函数等。

8）解释型语言：计算机高级编程语言必须将源程序通过“翻译程序”翻译成目标程序，计算机才能识别和执行。这种“翻译”通常有两种方式：一种是编译执行；另一种是解释执行。C、C++等采用编译执行方式，编译执行是指源程序代码先由编译器编译成二进制的可执行指令，通常执行效率高。Python 和 Java 属于解释执行，解释执行是指源代码程序被解释器转换成称为字节码的中间形式，由虚拟机负责在不同的计算机运行，便于移植。

1.1.3 Python 应用场合

Python 功能强大，在图形处理、科学计算、数据库编程、Web 开发、爬虫、机器学习、人工智能等方面都有应用，具体如下。

（1）GUI 软件开发

Python 具有 wxPython、PyQT 等工具，使得 Python 可以快速开发出图形用户界面。

（2）网络应用开发

Python 提供了标准 Internet 模块，可以广泛应用到各种网络任务中。Web.py、Django、Flask 等网络框架能够快速构建功能完善和高质量的网站。

（3）游戏开发

Pygame 是建立在 SDL（Simple DirectMedia Layer）基础上的软件包，提供了简单的方式控制媒体信息（如图像、声音等），专为电子游戏设计使用。

（4）科学计算

随着 NumPy、SciPy、Matplotlib 等众多程序库的开发，Python 越来越适合于做科学计算、绘制高质量的 2D 和 3D 图像。相对于科学计算领域最流行的商业软件 Matlab 而言，Python 是一门通用的程序设计语言，其应用范围更广泛，有更多的第三方库的支持。

（5）数据库开发

Python 提供所有主要商业数据库的接口，如 Oracle、Sybase、MySQL、MongoDB 等。

1.2 Python 解释器安装

本节介绍在 Linux 和 Windows 下，Python 解释器安装的详细步骤。

1.2.1 Linux 下安装 Python

Ubuntu（乌班图）是基于 Linux 的免费开源 PC 操作系统，目标在于为一般用户提供一个最新的、同时又相当稳定的主要由自由软件构建而成的操作系统。Ubuntu 具有庞大的社区力量，用户可以方便地从社区获得帮助。

Ubuntu 下自带含有 Python 2，在终端下输入 Python，默认为 Python 2，如图 1-1 所示。

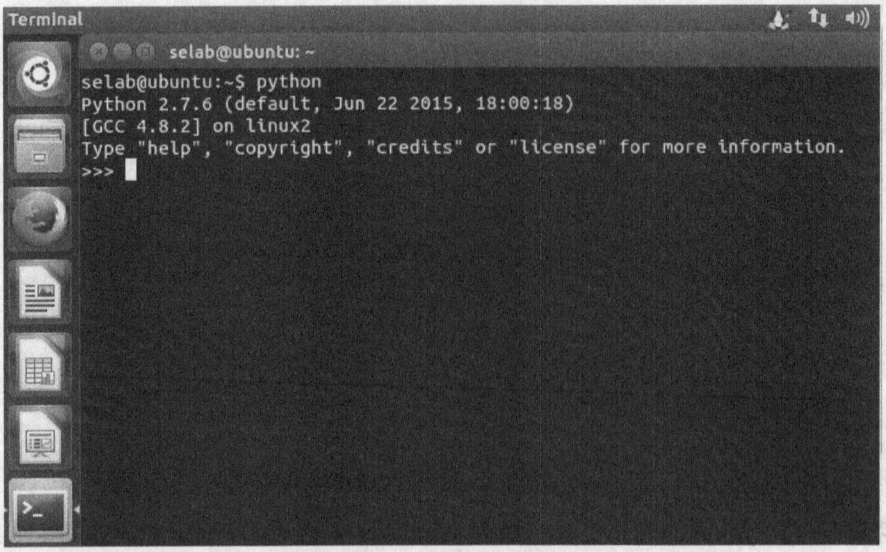

图 1-1　Ubuntu 下内置 Python 2

在 Ubuntu 下安装 Python 3 版本，步骤如下。

步骤 1：下载。

```
wget https://www.python.org/ftp/python/3.6.0/Python-3.6.0a1.tar.xz
```

步骤 2：解压。

```
tar xvf  Python-3.6.0a1.tar.xz
```

步骤 3：创建安装文件的路径。

```
mkdir /usr/local/python3
```

步骤 4：编译安装。

```
./configure --prefix=/usr/local/python3
make
make install
```

步骤 5：测试。

输入 Python 3 进行测试，输入〈Ctrl + D〉退出。

1.2.2　Windows 下安装 Python

Windows 下安装 Python，一般有如下步骤。

步骤 1：下载 Python 3.6.0 安装包进行安装。在浏览器中输入 http://www.Python.org，如图 1-2 所示。

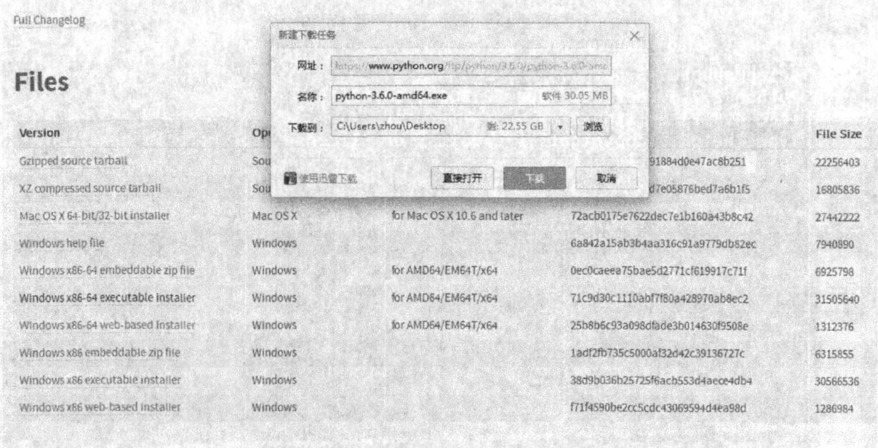

图 1-2　下载 Python 3.6.0

步骤 2：将 Python 的安装目录添加到 Windows 下的 PATH 变量中，如图 1-3 所示。

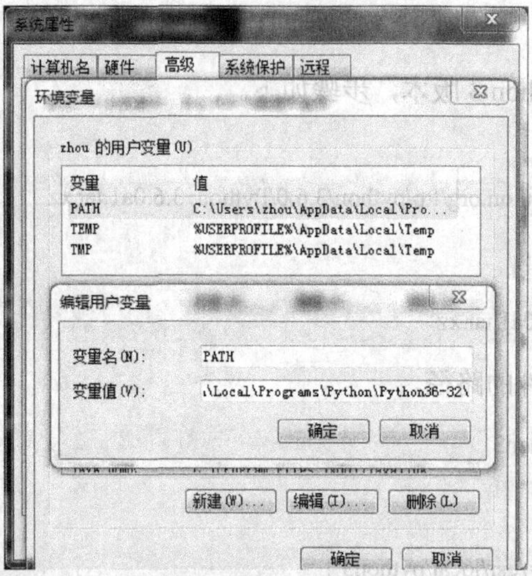

图 1-3　设置环境变量

步骤 3：测试 Python 安装是否成功。在 Windows 下使用 cmd 打开命令行，输入 Python 命令，图 1-4 表示安装成功。

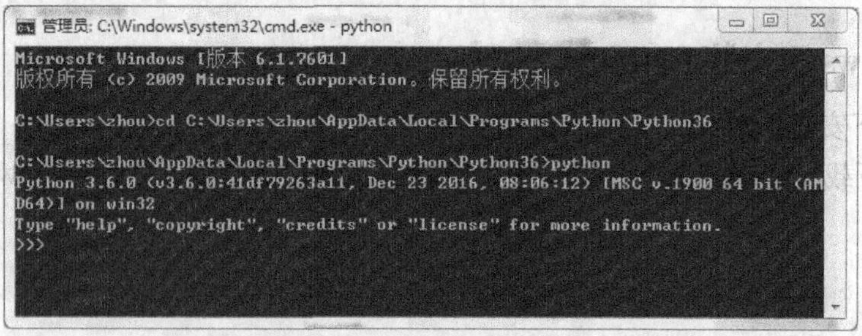

图 1-4　测试 Python 安装是否成功

1.3 Python 开发环境

Python 编辑器众多，除了 Python 自带的 IDLE 之外，还有 notepad++、Eclipse+pydev、Ulipad、Vim 和 emacs 等。其中，Linux 下的Eclipse with PyDev和 Windows 下的 PyCharm 功能较为强大，以及 Anaconda 应用较为广泛。

1.3.1 IDLE

IDLE 作为 Python 安装后内置的集成开发工具，包括能够利用颜色突出显示语法的编辑器、调试工具、Python Shell，以及完整的 Python 3 在线文档集。

Python 的 IDLE 具有命令行和图形用户界面两种方式，选择“开始”菜单→“所有程序”→“Python 3.6”→“IDLE（PythonGUI）”来启动 IDLE，直接进入命令行交互式执行 Python 语句，如图 1-5 所示。命令行交互式执行方便快捷，但必须逐条输入语句，不能重复执行，适合测试少量的 Python 代码，不适合复杂的程序设计。

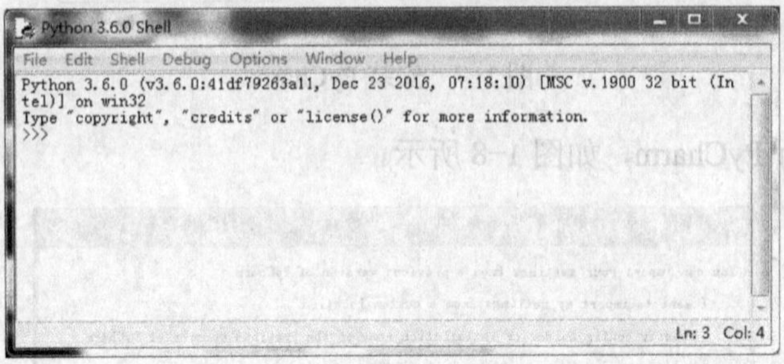

图 1-5 IDLE 的命令行交互模式

Python 的 IDLE 的图形用户界面模式，如图 1-6 所示。

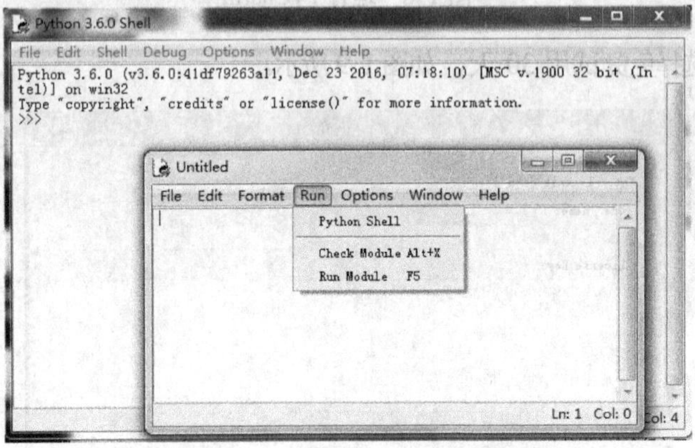

图 1-6 IDLE 的图形用户界面模式

1.3.2 PyCharm

PyCharm 具有一整套可以帮助用户在使用 Python 语言开发时提高效率的工具，比如调试、语法高亮、Project 管理、代码跳转、智能提示、自动完成、单元测试、版本控制。此外，PyCharm 提供了一些高级功能，以用于支持 Django 框架下的专业 Web 开发。下载 PyCharm 双击安装，如图 1-7 所示。

图 1-7　安装 PyCharm

安装结束，运行 PyCharm，如图 1-8 所示。

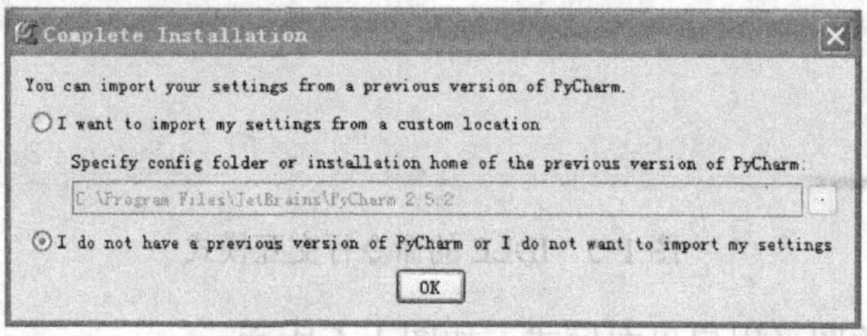

图 1-8　运行 PyCharm

下一步，可以选择免费试用 30 天，如图 1-9 所示。

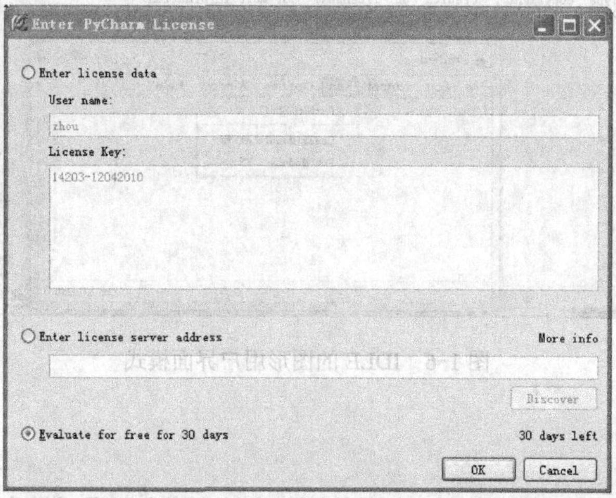

图 1-9　激活 PyCharm

单击 Create New Project，输入项目名、路径、选择 Python 解释器。如果没有出现 Python 解释器，如图 1-10 所示。

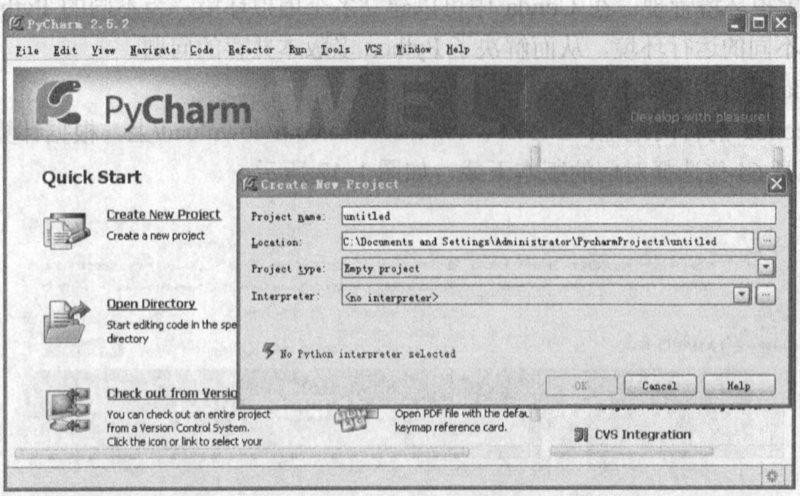

图 1-10　未出现 Python 解释器

选择 Python 解释器版本为 python-3.6.0.msi。启动 PyCharm，创建 Python 文件，如图 1-11 所示。

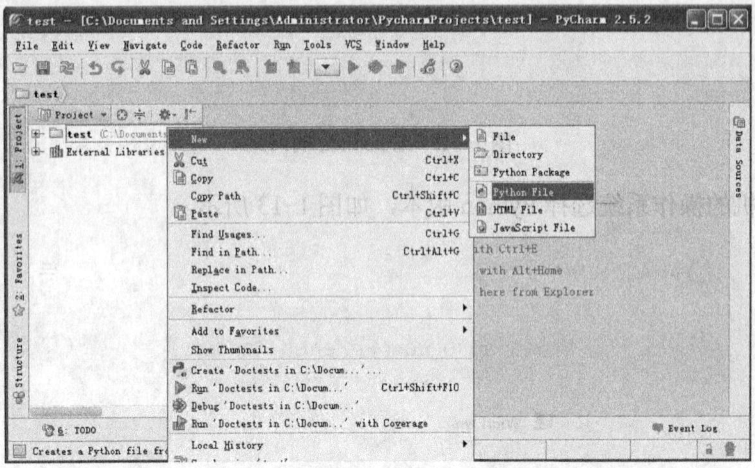

图 1-11　PyCharm 创建 Python 文件

1.3.3　Anaconda

Anaconda 是一个开源的Python发行版本，其包含了 Conda、Python 等 180 多个科学包及其依赖项，在数据可视化、机器学习、深度学习等多方面都有涉及，本书重点介绍 Anaconda，所有程序均在 Anaconda 下调试与运行。Anaconda 具有如下特点。

- 提供包管理。使用 Conda 和 pip 安装、更新、卸载第三方工具包简单方便，不需要考虑版本等问题。

● 关注于数据科学相关的工具包。Anaconda 集成了如 NumPy、SciPy、pandas 等数据分析的各类第三方包。
● 提供虚拟环境管理。在 Conda 中可以建立多个虚拟环境，为不同的 Python 版本项目建立不同的运行环境，从而解决了 Python 多版本并存的问题。

Anaconda 安装步骤如下。

在 Anaconda 的官网地址：https://www.anaconda.com/download/上，根据计算机的操作系统是 32 位还是 64 位选择对应的版本下载，如图 1-12 所示。

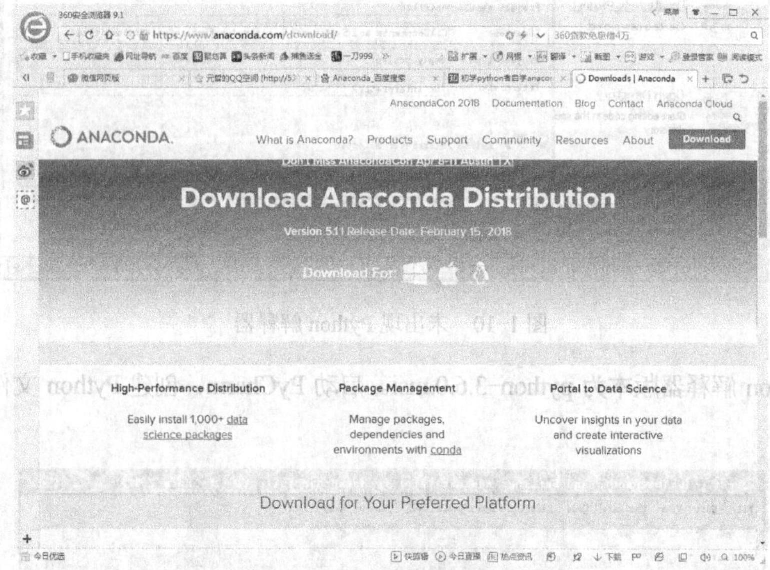

图 1-12　Anaconda 的网站

根据计算机的操作系统选择 Python 版本，如图 1-13 所示。

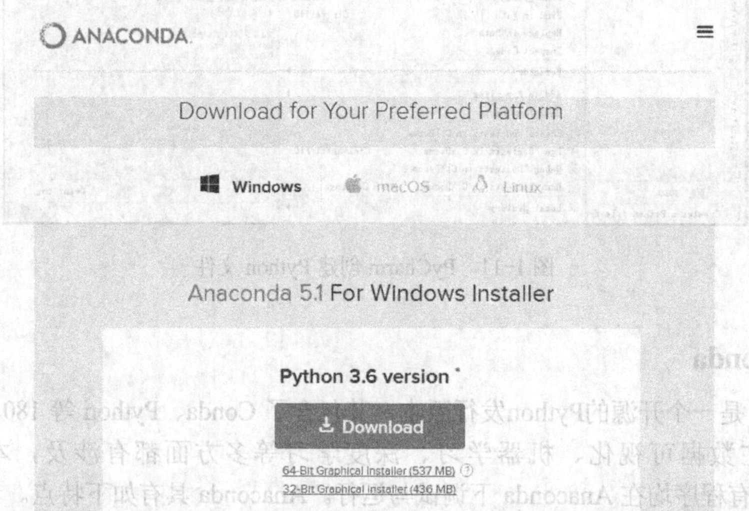

图 1-13　选择 Python 3.6

单击下载 Python 3.6 version，如图 1-14 所示。

图 1-14　下载 Anaconda 文件

下载 Anaconda3-5.1.0-Windows-x86_64.exe，大约 500 MB。

注意：*如果是 Windows 10 系统，注意在安装 Anaconda 软件的时候，右击“安装软件”→选择“以管理员的身份运行”。*

选择安装路径，例如 C：\Anaconda3，如图 1-15 所示，程序运行结果如图 1-16 所示。

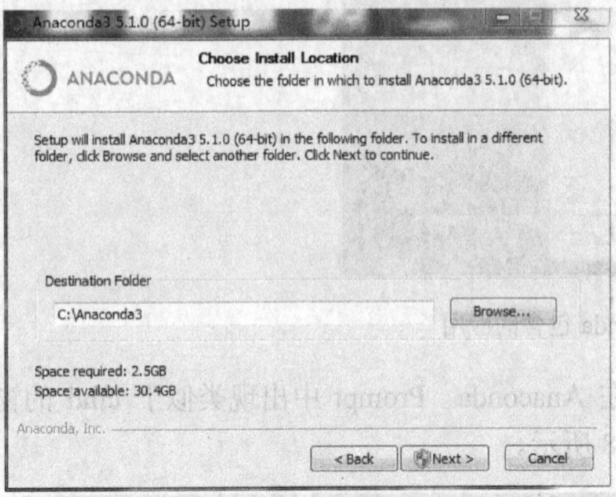

图 1-15　选择安装路径

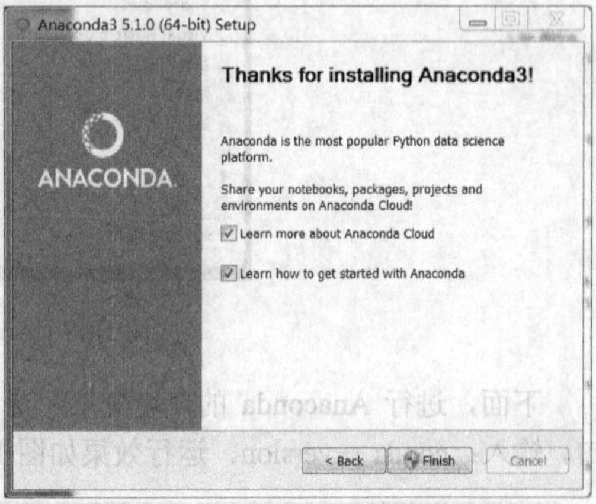

图 1-16　程序运行结果

Anaconda 包含如下应用，如图 1-17 所示。

- Anaconda Navigator：用于管理工具包和环境的图形用户界面，后续涉及的众多管理命令也可以在 Navigator 中手工实现。
- Anaconda Prompt：Python 的交互式运行环境。
- Jupyter Notebook：基于 Web 的交互式计算环境，可以编辑易于人们阅读的文档，用于展示数据分析的过程。
- Spyder：一个使用 Python 语言、跨平台的、科学运算集成开发环境。相对于 PyDev、PyCharm、PTVS 等 Python 编辑器，Spyder 对内存的需求小很多。

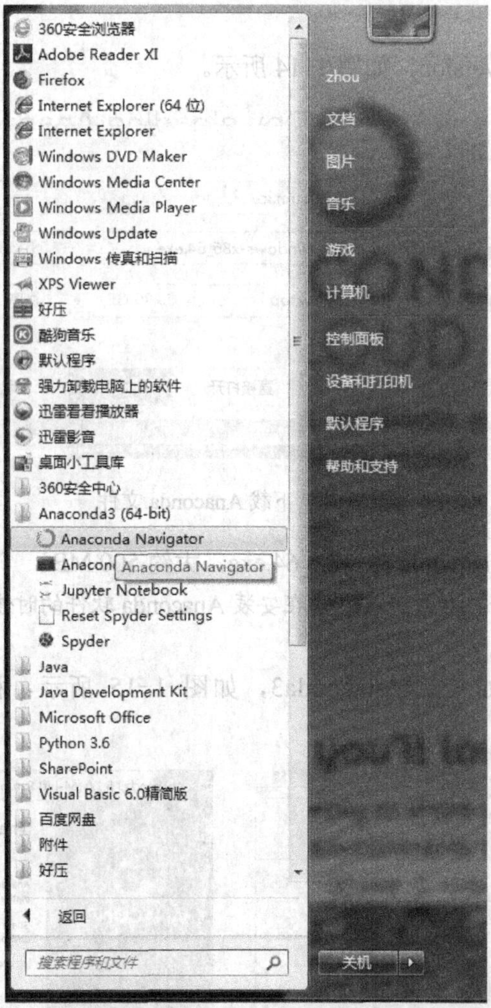

图 1-17　Anaconda 包含的应用

下面，进行 Anaconda 的环境变量配置。在 Anaconda　Prompt 中出现类似于 cmd 的窗口。输入：conda --version，运行效果如图 1-18 所示。

```
(base) C:\Users\Administrator>conda --version
conda 4.4.10
```

图 1-18　Anaconda 版本

在 Anaconda　Prompt 中，输入如下命令：conda create -n env_name package_names

其中，env_name 是设置环境的名称（-n 是指该命令后面的 env_name 是创建环境的名称），package_names 是安装在创建环境中的包名称。

```
conda create --name test_py3 python=3.6        #创建基于 python3.6 的名为 test_py3 的环境
```

运行效果如图 1-19 所示。

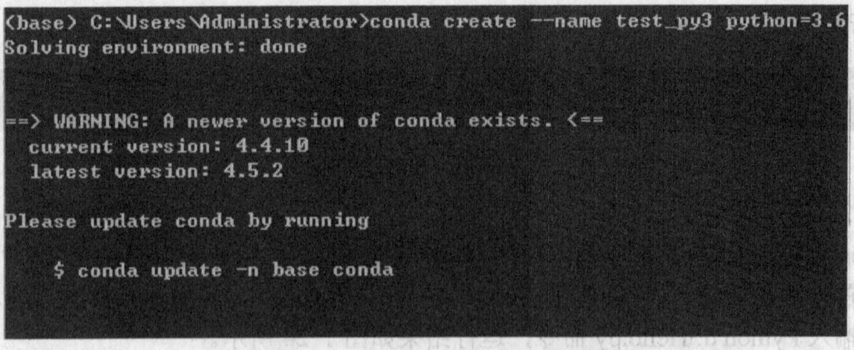

```
(base) C:\Users\Administrator>conda create --name test_py3 python=3.6
Solving environment: done


==> WARNING: A newer version of conda exists. <==
  current version: 4.4.10
  latest version: 4.5.2

Please update conda by running

    $ conda update -n base conda
```

图 1-19　创建基于 Python 3.6 的名为 test_py3 的环境

在 Anaconda　Prompt 中，使用 conda list 查看环境中默认安装的几个包，如图 1-20 所示。

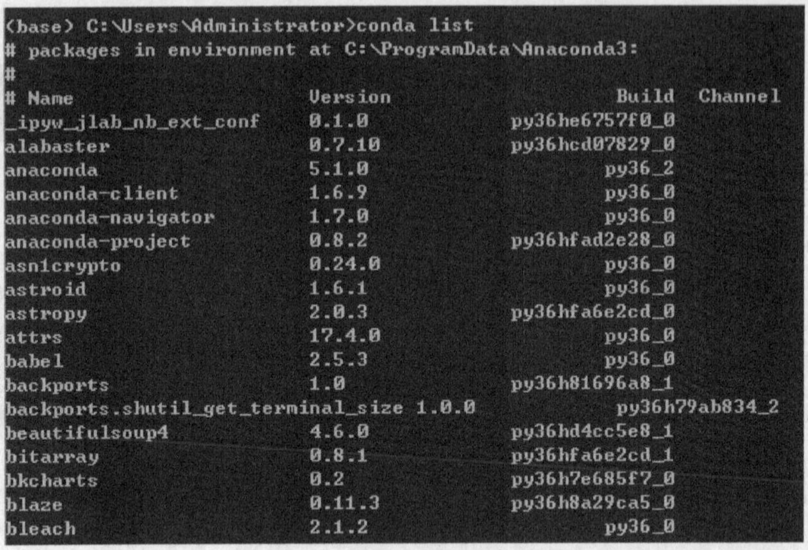

```
(base) C:\Users\Administrator>conda list
# packages in environment at C:\ProgramData\Anaconda3:
#
# Name                    Version                   Build  Channel
_ipyw_jlab_nb_ext_conf    0.1.0            py36he6757f0_0
alabaster                 0.7.10           py36hcd07829_0
anaconda                  5.1.0                    py36_2
anaconda-client           1.6.9                    py36_0
anaconda-navigator        1.7.0                    py36_0
anaconda-project          0.8.2            py36hfad2e28_0
asn1crypto                0.24.0                   py36_0
astroid                   1.6.1                    py36_0
astropy                   2.0.3            py36hfa6e2cd_0
attrs                     17.4.0                   py36_0
babel                     2.5.3                    py36_0
backports                 1.0              py36h81696a8_1
backports.shutil_get_terminal_size 1.0.0          py36h79ab834_2
beautifulsoup4            4.6.0            py36hd4cc5e8_1
bitarray                  0.8.1            py36hfa6e2cd_1
bkcharts                  0.2              py36h7e685f7_0
blaze                     0.11.3           py36h8a29ca5_0
bleach                    2.1.2                    py36_0
```

图 1-20　查看环境的默认包

在 Anaconda 下，Python 的编辑和执行有交互式编程、脚本式编程和 Spyder 三种运行方式。

方式 1：交互式编程

交互式编程是指在编辑完一行代码，按〈Enter〉键后会立即执行并显示运行结果。在 test_py3 环境输入 Python 命令按〈Enter〉键后，出现>>>，进入交互提示模式，如图 1-21 所示。

```
(test_py3) C:\Users\Administrator>python
Python 3.6.5 |Anaconda, Inc.| (default, Mar 29 2018, 13:32:41) [MSC v.1900 64 bi
t (AMD64)] on win32
Type "help", "copyright", "credits" or "license" for more information.
>>>
```

图 1-21　进入交互式编程模式

在>>>之后，输入 Python 语言的各种命令。例如，输入 print（'Hello world!'）命令，如

图 1-22 所示。

图 1-22　print()输出

方式 2：脚本式编程

Python 和其他脚本语言如 Java、R、Perl 等编程语言一样，可以直接在命令行里运行脚本程序。首先，在 D:\目录下创建 Hello.py 文件，内容如图 1-23 所示。其次，进入 test_py3 环境后，输入 Python d:\Hello.py 命令，运行结果如图 1-24 所示。

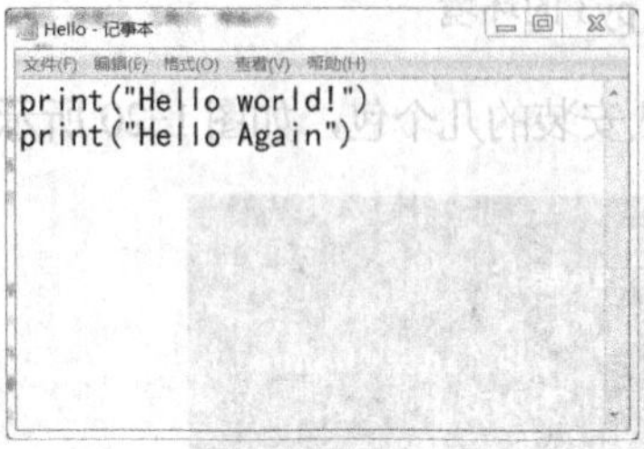

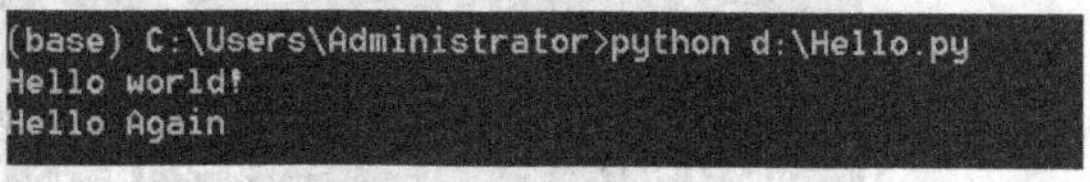

图 1-23　Hello.py 文件内容　　　　图 1-24　运行 d:\Hello.py 文件

方式 3：Spyder

Spyder 是 Python 的集成开发环境，如图 1-25 所示。

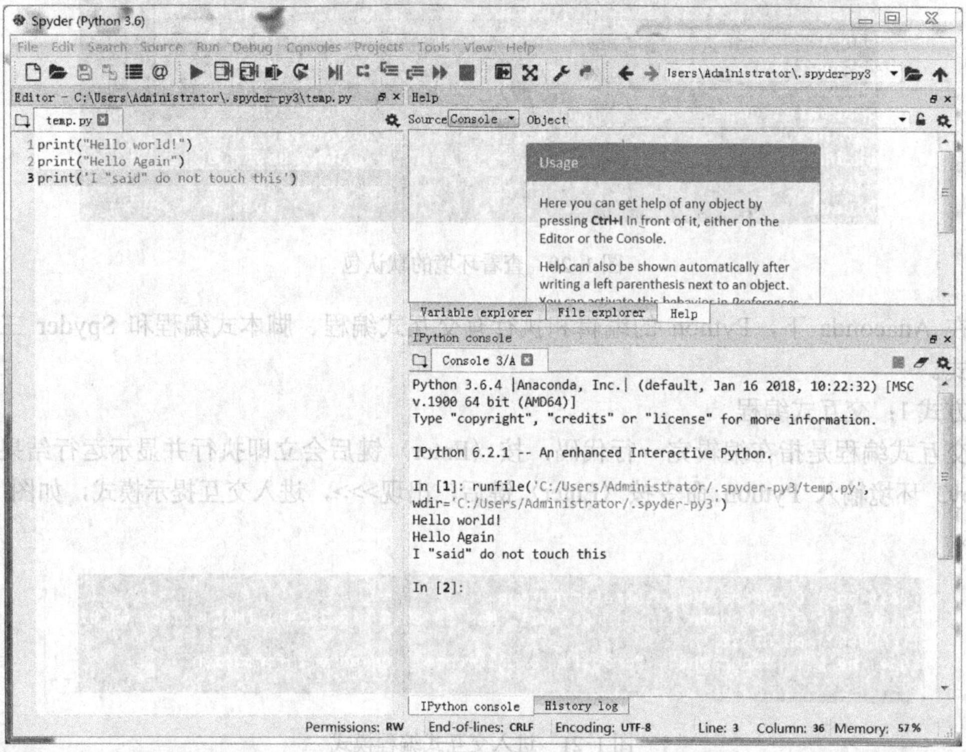

图 1-25　Spyder 编辑器

1.4 Python 2.x 和 Python 3.x 的区别

目前，实际应用中使用最广泛的是 Python 2.x，学习研究使用较多为 Python 3.x。Python 2.x 和 Python 3.x 具有如下一些区别。

1．print 语法

Python 2.x 中，print 是一条语句，输出内容紧跟在 print 关键字后面。Python 3.x 中，print 是个函数，输出内容作为 print 的参数。

```
>>>print 'hello python2'        # Python 2.x
>>> print('hello python3')      # Python 3.x
```

2．Unicode 字符类型

Python 2.x 中有 Unicode 和非 Unicode 两种字符串类型，对应的两个全局函数可分别将对象转换成字符串。其中，unicode()函数将对象强制转换成 Unicode 字符串，str()函数将对象转换成非 Unicode 类型。Python 3.x 中，只有 Unicode 一种字符串类型，相应地只有一种强制转换函数，str()函数。

3．不等运算符

Python 2.x 不等运算符有两种：! = 和<>。

Python 3.x 不等运算符只有一种：! =。

4．数据类型

Python 2.x 有两种整型数据类型：long 和 int 类型。

Python 3.x 保留了 int 类型，舍弃了 long 类型。

5．用于求出两个列表的逐项比较

Python 2.x 支持 cmp（seq1, seq 2）函数，例如：

```
>>>cmp([1,2,5],[1,2,3])
1
>>> cmp([1,2,3],[1,2,3])
0
>>>cmp([123, 'Bsaic'],[ 123, 'Python'])
-1
```

在 Python 3.x 中，不再支持 cmp()函数，可以直接使用关系运算符来比较数值或列表。例如：

```
>>> [123,'Bsaic']>[ 123,'Python']
False
>>> [1,2,3]==[1,2,3]
True
```

1.5 学习建议

怎样才能学好 Python 编程语言呢？最关键的一条就是实践。每学一点，就用到实际的程序中去，多用多实践，水平就能不断提高。另外，编程涉及很多的知识，如操作系统、软件工程、数据结构、面向对象程序设计、硬件系统以及编程思想等各个方面，这就需要多看这方面的资料，不断扩充自己的知识面。

下面介绍一些编程学习规范。

（1）养成良好的编程习惯

Python 程序设计的入门学习并不难，但养成良好的编程习惯却是一个十分重要的过程。

1）上机实践前构思程序设计思路。

2）每次上机实践后应及时总结，把没有搞清楚的问题记录下来，进行分析。

3）多使用调试工具帮助分析程序。

4）注意错误信息的提示。

5）经常使用帮助文件。

（2）阅读、借鉴别人设计好的程序

当今时代已经是网络时代，除了阅读书本上的例题程序，也可借助网络。编程的简单理解，就是“照猫画虎”的过程。

首先，要读懂别人程序每个变量、每行代码的用意。即先了解“猫是什么？”。

其次，去模仿，尝试着去“复制”别人的程序，思考别人为什么这么设计程序，如果是我，如何去做？学习“照猫画猫”。

再次，思考能不能将程序加以修改完成更多的功能和容错性？学习“照猫画虎”。

1.6 习题

1. 程序设计语言经过了哪些阶段？
2. 简述 Python 的功能和特点。
3. 实践 Python 的安装。
4. 完成 Python 开发环境的使用。
5. Python 2.x 和 Python 3.x 有哪些区别？

第 2 章　基本数据类型

本章作为 Python 的语言基础知识，基本数据类型包括数值和字符串；变量有命名和赋值等；介绍了各类运算符，如算术运算符、关系运算符、逻辑运算符、身份运算符等；最后讲解了各种类型混用时的转换规则，以及表达式的相关运算。

2.1　数据类型

计算机能处理数值、文本、图形、音频、视频、网页等各种数据。不同的数据，需要定义不同的数据类型。数据类型是指根据数据描述信息的含义，将数据分为不同的种类。例如，人的年龄为 25，用整数来表示；成绩 78.5，用浮点数来表示；人的姓名如“比尔·盖茨”，用字符串来表示等。

Python 3 中有六个标准的数据类型：Number（数值）、String（字符串）、List（列表）、Tuple（元组）、Sets（集合）、Dictionary（字典）。

2.1.1　数值

Python 中数值有四种类型：整数、布尔型、浮点数和复数。

- 整数（int）。用于表示整数。例如：1、1024、-982。
- 布尔（bool）。用于表示布尔逻辑值。例如：True、False。
- 浮点数（float）。用于表示小数。例如：1.23，3.14，-9.01 等。之所以称为浮点数，是因为按照科学计数法表示，浮点数的小数点位置可变。例如，52.3E4 就是科学计数法，其中，E 表示 10 的幂，52.3E4 表示 52.3*10^4。52.3E4 和 5.23E5 表示同一数字，只是它们的小数点位置不同。
- 复数（complex）。用于表示复数。例如：1 + 2j、1.1 + 2.2j。

【例 2-1】 数值举例。

```
>>> a, b, c, d = 20, 5.5, True, 4+3j
>>> print(type(a), type(b), type(c), type(d))
<class 'int'> <class 'float'> <class 'bool'> <class 'complex'>
```

关于数字的计算，往往会用上如表 2-1 所示的数学函数。

表 2-1　数学函数

函　数	含　义	举　例
abs(x)	数字的绝对值	math.abs(-10) 返回 10
ceil(x)	数字的上入整数	math.ceil(4.1) 返回 5

（续）

函　数	含　义	举　例
exp(x)	e 的 x 次幂(ex)	math.exp(1) 返回 2.718281828459045
fabs(x)	数字的绝对值	math.fabs(-10) 返回 10.0
floor(x)	数字的下舍整数	math.floor(4.9)返回 4
log(x)	x 的对数	math.log(100,10)返回 2.0
log10(x)	以 10 为基数的 x 的对数	math.log10(100)返回 2.0
max(x1, x2,...)	给定参数的最大值，参数可以为序列	math.max(2,3)返回 3
min(x1, x2,...)	给定参数的最小值，参数可以为序列	math.min(2,3)返回 2
pow(x, y)	x**y 运算后的值	math.pow(2,3) 返回 8
round(x [,n])	浮点数 x 的四舍五入值，n 代表舍入到小数点后的位数	math.round(2.4)返回 2
sqrt(x)	数字 x 的平方根	math.sqrt(4) 返回 2

2.1.2 字符串

网页中汉字往往会显示为？？？？？或者乱码，这是因为字符编码方式不同所引起的。字符编码有 ASCII、UTF-8、Unicode、GB2312 等。

（1）ASCII 编码

在计算机内部，所有的信息最终都表示为一个二进制的字符串。每一个二进制位（bit）有 0 和 1 两种状态，8 个二进制位就可以组合出 256 种状态，称为一个字节（byte）。20 世纪 60 年代，美国制定了 ASCII 编码，将英文字符与二进制之间的关系进行了规定，对 0～9 的 10 个数字、26 个大小写字英文字母及一些其他符号进行了编码。

（2）GB2312 编码

汉字多达 10 万个左右，而 ASCII 编码只能表示 256 种符号，远远不够，因此简体中文使用 GB2312 编码方式，使用两个字节表示一个汉字。

（3）Unicode 编码

Unicode 编码将所有语言都统一到一套编码里，解决了乱码问题。Unicode 的学名是“Universal Multiple-Octet Coded Character Set”，简称为 UCS。UCS 可以看作是“Unicode Character Set”的缩写。Unicode 又称为抽象编码，只是一个符号集，规定了符号的二进制代码，并没有规定这个二进制代码应该如何存储和如何传输。传输编码是由 UTF（UCS Transformation Format）规范规定，常见的 UTF 规范包括 UTF-8、UTF-16。

（4）UTF 编码

浏览网页的源码上会有类似<meta charset="UTF-8" />的信息，表示该网页为 UTF-8 编码。UTF-8 作为互联网上使用最广的 Unicode 编码的实现方式之一，以 8 位（1 字节）表示英文，以 24 位（3 字节）表示中文及其他语言。

【例 2-2】 字符编码举例。

字符编码举例如表 2-2 所示。

表 2-2　字符编码举例

字符	ASCII	Unicode	UTF-8
A	01000001	00000000 01000001	01000001
中	x	01001110 00101101	11100100 10111000 10101101

字符串在 Python 中是以单引号、双引号或三引号括起来的符号来表示，例如'Hello World'、"Python is groovy"、"""What is footnote 5?"""等。请注意，"或""本身只是一种表示方式，不是字符串的一部分。因此，字符串'abc'只有 a，b，c 这 3 个字符。用单引号或双引号括起来没有任何区别，但是一个字符串用什么引号开头，就必须用什么引号结尾。

单引号与双引号只能创建单行字符串。

```
>>> 'Hello'
'Hello'
>>> "Let's go"
"Let's go"
>>> s="'Python' Program"
>>> s
"'Python' Program"
```

为了创建多行字符串或者使得字符串的数据中出现双引号，则出现了三引号。

```
>>> s='''
... We say "Hello" to Python
... '''
>>> s
'\nWe say "Hello" to Python\n'
```

除了以上形式的字符数据外，对于常用的但却难以用一般形式表示的不可显示字符，Python 语言提供了一种特殊形式的字符常量，即用一个转义标识符“\”（反斜线）开头的字符序列，如表 2-3 所示。

表 2-3　转义字符及其含义

字符形式	含义
\n	回车换行，将当前位置移到下一行开头
\t	横向跳到下一制表位置（TAB）
\b	退格，将当前位置退回到前一列
\r	回车，将当前位置移到当前行开头
\f	将当前位置移到下页开头
\\	反斜线符“\”
\'	单引号符
\"	双引号符
\ddd	1～3 位八进制数所代表的字符
\xhh	1～2 位十六进制数所代表的字符

【例 2-3】 转义字符举例。

```
>>> a=1
>>> b=2
>>> c='\101'
>>> print("\t%d\n%d%s\n%d%d\t%s"%(a,b,c,a,b,c))
        1
2A
12      A
```

在 print()函数中，首先遇到第一个“\t”，它的作用是让光标移到下一个制表位置，即光标往后移动 8 个单元，到第 9 列，然后在第 9 列输出变量 a 的值 1。接着遇到“\n”，表示回车换行，光标到下行首列的位置，连续输出变量 b 和 c 的值 2 和 A，其中使用了转义字符常量'\101'给变量 c 赋值。遇到“\n”，光标移到第 3 列的首列，输出变量 a 的值 1 和 b 的值 2，再遇到“\t”光标移到下一个制表位，输出变量 c 的值 A。

2.2 变量

变量的值可以变化，Python 的变量不需要声明，通过赋值使得变量被创建。

2.2.1 标识符

标识符是用来标识变量的名称。命名标识符必须遵循以下规则。

1）变量名可以由字母、数字和下划线组成。

2）变量名的第一个字符必须是字母或者下划线“_”，但不能以数字开头。

3）尽量不要使用容易混淆的字符。例如数字 0 和字母 o，数字 1 和字母 l 等。

4）变量名不能和关键字同名。

在 Anaconda Prompt 输入 import keyword 查看 Python 的关键字，如图 2-1 所示。

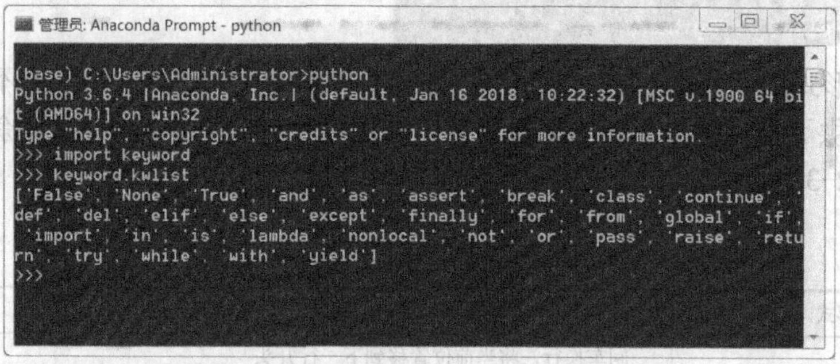

图 2-1 Python 的关键字

5）变量名区分大小写，如 myname 和 myName 不是同一个变量。

6）以双下划线开头的标识符有特殊意义，如__init__()代表类的构造函数。

7）变量的命名采用匈牙利命名法，采用小写前缀与有特定描述意义的名称相结合的方式来为变量命名。例如，a123、XYZ、变量名、sinx 等符合变量的命名规则，正确。

8）Python 中，单独的下划线（_）用于表示上一次运算的结果。

例如：

```
>>>20
20
>>>_*10
200
```

下面的变量命名不符合变量命名规则，导致语法错误，如图 2-2 所示。

```
>>> 3xy
  File "<stdin>", line 1
    3xy
      ^
SyntaxError: invalid syntax
>>> ab%c
Traceback (most recent call last):
  File "<stdin>", line 1, in <module>
NameError: name 'ab' is not defined
>>> Wang ping
  File "<stdin>", line 1
    Wang ping
            ^
SyntaxError: invalid syntax
```

图 2-2　不符合命名规则

2.2.2　变量引用

Python 中变量的声明是通过变量的赋值操作实现的，具有如下特点：

- 变量在第一次赋值时创建。
- 变量在表达式中使用将被替换为原来的值。

【例 2-4】 变量引用举例。

变量引用举例如图 2-3 所示。

```
>>> number=5
>>> print(number)
5
>>> number=7
>>> print(number)
7
```

图 2-3　变量引用举例

2.3　运算符

Python 运算符包括算术运算符、关系运算符、逻辑运算符、字符串运算符等。

2.3.1　算术运算符

算术运算符如表 2-4 所示。

表 2-4　算术运算符

运算符	含义
+	加法
-	减法
*	乘法
/	除法
//	取整除
**	幂运算
%	取模

运算符的使用和运算数的数据类型关系很大，加法运行效果如图 2-4 所示。

图 2-4 加法运行效果

【例 2-5】 算术运算符举例。

下面给出除法（/），整除（//），求余数（%）的运行效果如图 2-5 所示。

图 2-5 除法（/），整除（//），求余数（%）的运行效果

2.3.2 关系运算符

关系运算符又称比较运算符，是双目运算符，作用是将两个操作数的大小进行比较，比较的结果是一个布尔值，即 True（真）或 False（假）。操作数可以是数值型或字符型。表 2-5 列出了 Python 中的关系运算符。

表 2-5 关系运算符

运算符	描述
==	等于
>	大于
>=	大于或等于
<	小于
<=	小于或等于
!=	不等于

关系运算符在进行比较时，需注意以下规则：

1）若两个操作数是数字，则按大小进行比较。需要注意的是，Python 的“= =”是等于号，“! =”是不等于号。如图 2-6 所示。

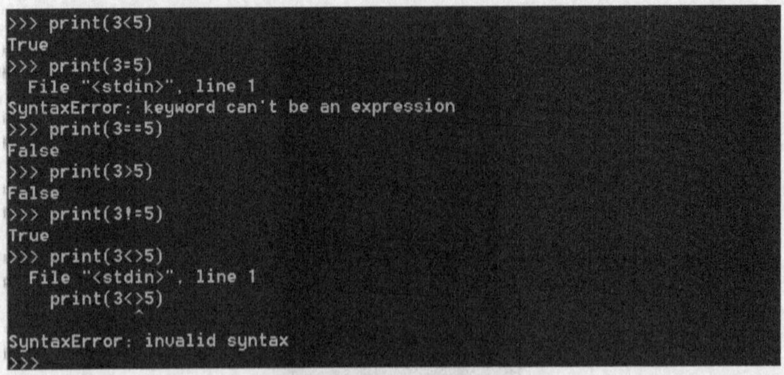

图 2-6　操作数为数字的运行效果

2）若两个操作数是字符串，则按字符的 ASCII 码值从左到右逐一进行比较，即首先比较两个字符串中的第 1 个字符，ASCII 码值大的字符串为大，如果第一个字符相同，则比较第 2 个字符，以此类推，直到出现不同的字符时为止。如图 2-7 所示。

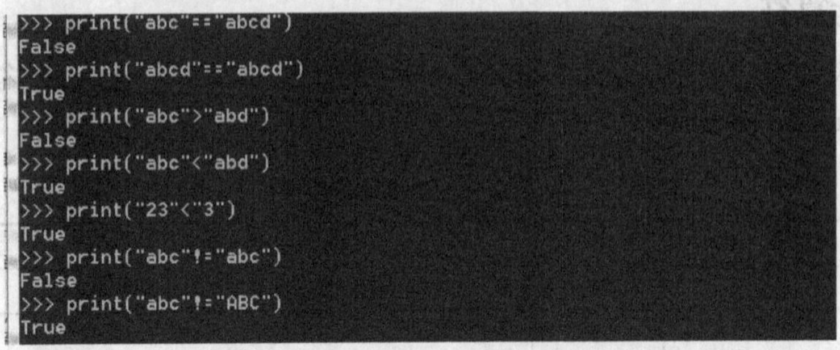

图 2-7　操作数为字符串的运行效果

2.3.3　赋值运算符

赋值运算符如表 2-6 所示。

表 2-6　赋值运算符

运 算 符	描　述	实　例
=	简单赋值运算符	
+=	加法赋值运算符	c += a 等效于 c = c + a
-=	减法赋值运算符	c -= a 等效于 c = c - a
*=	乘法赋值运算符	c *= a 等效于 c = c * a
/=	除法赋值运算符	c /= a 等效于 c = c / a
%=	取模赋值运算符	c %= a 等效于 c = c % a
**=	幂赋值运算符	c **= a 等效于 c = c ** a
//=	取整除赋值运算符	c //= a 等效于 c = c // a

【例 2-6】 赋值运算符举例。

赋值运算符举例如图 2-8 所示。

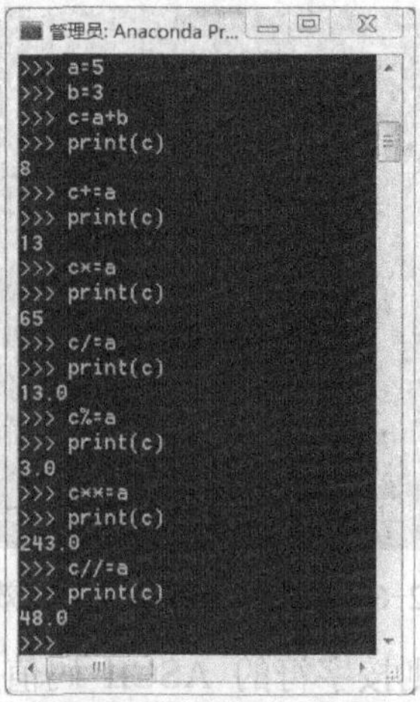

图 2-8　赋值运算符举例

2.3.4　逻辑运算符

逻辑运算符如表 2-7 所示。除 Not 是单目运算符外，其余都是双目运算符，逻辑运算结果是布尔值 True 或 False。

表 2-7　逻辑运算符

运算符	含　义	描　述
Not	取反	当操作数为假时，结果为真；当操作数为真时，结果为假
And	与	当两个操作数均为真时，结果才为真；否则为假
Or	或	当两个操作数至少有一个为真时，结果为真；否则为假

【例 2-7】 逻辑运算符举例。

逻辑运算符举例如图 2-9 所示。

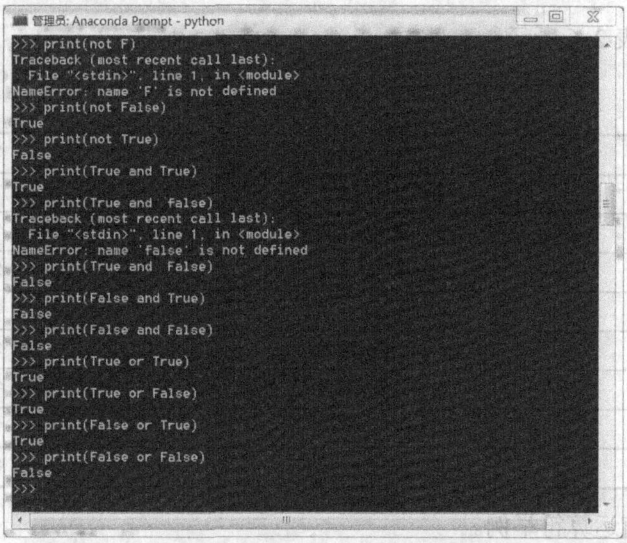

图 2-9　逻辑运算符举例

注意：False 不能写成 F、false 等。

2.3.5 位运算符

按位运算就是把数字转换为二进制数字来运算。Python 中的位运算符有：左移运算符（<<），右移运算符（>>），按位与（&），按位或（|），按位翻转（~）。位运算符如表 2-8 所示。

表 2-8 位运算符

运 算 符	名 称	描 述
<<	左移	把一个数的二进制数字向左移一定位数
>>	右移	把一个数的二进制数字向右移一定位数
&	按位与	数的按位与
|	按位或	数的按位或
^	按位异或	数的按位异或
~	按位翻转	x 的按位翻转是-(x+1)

【例 2-8】 位运算符举例。

位运算符举例如图 2-10 所示。

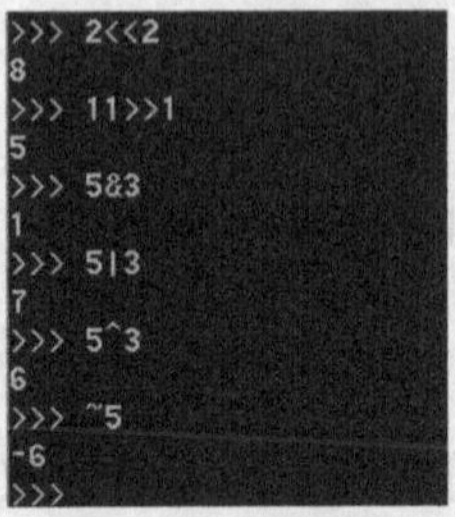

图 2-10 位运算符举例

2.3.6 成员运算符

成员运算符主要用于字符串，列表或元组等数据类型。如表 2-9 所示。

表 2-9 成员运算符

运算符	描 述	实 例
in	在指定的序列中找到值返回 True，否则返回 False	*x* 在 *y* 序列中，如果 *x* 在 *y* 序列中返回 True
not in	在指定的序列中没有找到值返回 True，否则返回 False	*x* 不在 *y* 序列中，如果 *x* 不在 *y* 序列中返回 True

【例 2-9】 成员运算符举例。

```
>>> 'a' not in 'bcd'
  True
>>> 3 not in [1,2,3,4]
  False
```

2.3.7 身份运算符

身份运算符又名同一运算符，用于比较两个对象的存储单元。如表 2-10 所示。

表 2-10 身份运算符

运算符	描　述	实　例
Is	判断两个标识符是不是引用自一个对象	x is y，类似 id(x) == id(y)，如果引用的是同一个对象则返回 True，否则返回 False
is not	判断两个标识符是不是引用自不同对象	x is not y，类似 id(a) != id(b)。如果引用的不是同一个对象则返回 True，否则返回 False

【例 2-10】 身份运算符举例。

```
>>> x=y=2.5
>>> z=2.5
>>> x is y
True
>>> x is z
False
>>> x is not z
True
```

2.4 表达式

本节介绍 Python 的表达式计算和数据类型转换。

2.4.1 表达式计算

表达式通常由运算符号（操作符）和参与运算的数（操作数）两部分组成。例如，2+3 就是一个表达式；+是运算符；2 和 3 是操作数。

数学表示式转换为 Python 表达式，如表 2-11 所示。

表 2-11 数学表示式转换为 Python 的表达式

数学表达式	Python 表达式
$\frac{abcd}{efg}$	a*b*c*d/e/f/g 或 a*b *c*d/（e*f*g）
$\sin 45^\circ + \frac{e^{10} + \ln 10}{\sqrt{x}}$	math.sin(45*3.14/180)+(math.exp(10)+math.log(10))/math.sqrt(x)
$[(3x+y)-z]^{1/2}/(xy)^4$	math.sqrt((3*x+y)-z)/(x*y)^4

数学表达式转化为 Python 表达式应注意如下区别：

1）乘号不能省略。例如，x 乘以 y 写成 Python 表达式为：x*y。

2）括号必须成对出现，均使用圆括号，出现多个圆括号时，从内向外逐层配对。

3）运算符不能相邻。例如，a+ -b 是错误的。

4）添加必要的函数，例如，数学表达式 $\sqrt{25}$ 转换为 sqrt(25)等。

表达式计算根据运算符的优先次序逐一进行计算，Python 运算符的优先级如表 2-12 所示。

表 2-12　Python 运算符的优先级

<table>
<tr><th>优先级</th><th>运算符</th><th>描述</th></tr>
<tr><td></td><td>**</td><td>指数</td></tr>
<tr><td>高</td><td>~、+、-</td><td>按位取反、正号、负号</td></tr>
<tr><td></td><td>*、/、%、//</td><td>乘、除、取模和取整除</td></tr>
<tr><td></td><td>+、-</td><td>加法、减法</td></tr>
<tr><td></td><td>>>、<<</td><td>右移、左移运算符</td></tr>
<tr><td></td><td>&</td><td>按位与</td></tr>
<tr><td></td><td>^、|</td><td>按位异或、按位或</td></tr>
<tr><td></td><td><=、<、>、>=</td><td>比较运算符</td></tr>
<tr><td></td><td><>、==、!=</td><td>等于运算符</td></tr>
<tr><td></td><td>=、%=、/=、//=、-=、+=、*=、**=</td><td>赋值运算符</td></tr>
<tr><td></td><td>is、is not</td><td>身份运算符</td></tr>
<tr><td>低</td><td>In、not in</td><td>成员运算符</td></tr>
<tr><td></td><td>Not、or、and</td><td>逻辑运算符</td></tr>
</table>

2.4.2　数据类型转换

表达式计算时，若操作数的数据类型不一致，则需要转换为同一个数据类型。Python 提供了隐式类型转换和显式类型转换两种方式。

（1）隐式类型转换

隐式类型转换又称为自动类型转换，是指有两个操作数的运算符类型不同时，就会出现其中一个数据类型向另一个数据类型转换，然后再进行运算。

【例 2-11】 隐式类型转换举例。

```
>>> 10/4*4
10.0
>>> type(10/4*4)
<class 'float'>
>>> 10//4*4
8
>>> type(10//4*4)
<class 'int'>
```

【解析】 在 Python 中，将进行除法运算的操作数自动转换为浮点型 10.0/4.0，再进行运算，得到 2.5，再用 2.5 乘以 4，得到结果 10.0。

（2）显式类型转换

当隐式类型转换无法达到需求时，可以使用显式类型转换，也称为数据类型的强制类型转换，通过 Python 的内建函数来实现类型转换。如表 2-10 所示。

表 2-10　常用的转换函数

函数名	描述	实例	结果
ord()	返回字符的 ASCII 编码	Ord(‘A’)	65
chr()	返回指定编码的字符	Chr(97)	‘a’
bin( )	十进制数转换成二进制数	bin(4)	0b100

（续）

函数名	描述	实例	结果
oct( )	十进制数转换成八进制数	oct(8)	010
hex()	十进制数转换成十六进制数	hex(100)	0x64
int()	取整	int(2.5)	2
float(x)	将 x 转换到一个浮点数	float(2)	2.0
complex(real [,imag])	创建一个复数	complex(2,3)	(2+3j)
str()	数值转化成字符串	str(122.35)	“122.35”

【例 2-12】 转换函数举例。

```
>>> s = '15'
>>> s + 1
Traceback (most recent call last):
  File "<interactive input>", line 1, in <module>
TypeError: cannot concatenate 'str' and 'int' objects
>>> int(s) + 1
16
```

【例 2-13】 5/4*6//5 % 2 运算结果是______________。

【解析】：表达式 5/4*6//5 % 2，其中的乘法和除法运算的优先级最高且属同一级运算，因此，先计算 5/4 结果为 1.25，此时表达式简化为 1.25*6//5% 2；接着计算 1.25*6，结果是 7.5，此时表达式简化为 7.5//5% 2；系统自动先将 7.5 进行四舍五入取整，然后再运算，7.5//5=8//5=1.0，最后整个表达式简化为 1.0%2，其运算结果为 1.0。

【答案】1.0。

2.5 习题

1．选择题

（1）不能正确表达数学关系 10<a<15 的 Python 表达式是（　　）。

A）10<a<15　　B）a=11 Or a=12 Or a=13 Or a=14

C）a>10 And a<15　　D）10<a　or　a<15

（2）表达式 5 / 4 * 6 // 5% 2 的输出结果是（　　）。

A）1　　B）10　　C）True　　D）5

（3）与关系表达式 x==0 等价的表达式是（　　）。

A）x=0　　B）not x　　C）x　　D）x!=1

（4）下列表达式中，值不是 1 的是（　　）。

A）4//3　　B）15%2　　C）1^0　　D）～1

（5）X，Y，Z 表示三角形的三条边，“三角形任意两边和大于第三边”的表达式是（　　）。

A）X+Y>Z And X+Z>Y And Y+Z>X　　B）X+Y>Z or X+Z>Y or　Y+Z>X

C）X+Y>Z　　D）X+Y>Z or X+Z>Y

2．运算题

（1）5 % 3 + 3 // 5*2

（2）int (1234.5678*10+0.5)%100

（3）3+4>5 and 5==6

（4）!（4==6）and 5+7/2 or 0

（5）7 % 3+6*4−4/5

第 3 章　组合数据类型

组合数据类型包括序列、字典和集合。序列是程序设计中经常使用的数据存储方式，包括字符串、列表、元组，具有顺序编号的特征。介绍了字典和集合两种数据类型的相关内容和常用操作。另外给出了数据类型转换的相关知识。

3.1　序列概述

序列（Sequence）是 Python 中特有的数据结构，类似于 C 和 Visual Basic 语言中的数组，其成员有序排列，可以通过下标访问到一个或者几个成员。Python 提供列表（List），元组（Tuple）与字符串（String）三种序列类型。

3.2　序列分类

本节详细介绍列表、元组和字符串三种序列。

3.2.1　列表

列表（List）是 Python 中使用最频繁的数据类型。列表中的每一个数据称为元素，元素用逗号分隔并放在一对中括号“[”和“]”中，列表可以认为是下标从零开始的数组。列表可以包含混合类型的数据，即在一个列表中的数据类型可以各不相同。

列表举例：

```
[10, 20, 30, 40]                    #所有元素都是整型数据的列表
[' frog', 'cat', 'dog']             #所有元素都是字符串的列表
['apple', 2.0, 5, [10, 20],True]    #列表中包含字符串、浮点类型、整型、列表类型、布尔类型
```

Python 创建列表时，解释器在内存中生成一个类似数组的数据结构，数据项自下而上存储，如图 3-1 所示。

4	True
3	[10,20]
2	5
1	2.0
0	apple

图 3-1　列表存储方式

下面介绍列表操作。

（1）创建列表

使用“=”将一个列表赋值给变量。

```
>>> a_list = ['a', 'b', 'c']
```

（2）读取元素

用列表名加元素序号访问列表中某个元素。

```
>>> a_list = ['a', 'b', 'c']
>>> print(a_list[2])
c
```

（3）修改元素

只需直接给元素赋值。

```
>>> a_list = ['a', 'b', 'c']
>>>a_list[0] = 123
>>>print a_list
[123, 'b', 'c']
```

（4）增加元素

方法 1：使用“+”将一个新列表附加在原列表的尾部。

```
>>> a_list = [1]
>>> a_list = a_list + ['a', 2.0]
>>> a_list
[1, 'a', 2.0]
```

方法 2：使用 append( )方法向列表尾部添加一个新元素。

```
>>> a_list = [1, 'a', 2.0]
>>> a_list.append(True)
>>> a_list
[1, 'a', 2.0, True]
```

方法 3：使用 extend( )方法将一个列表添加在原列表的尾部。

```
>>>a_list=[1, 'a', 2.0, True]
>>> a_list.extend(['x', 4])
>>> a_list
[1, 'a', 2.0, True, 'x', 4]
```

方法 4：使用 insert( )方法将一个元素插入到列表的任意位置。

```
>>>a_list=[1, 'a', 2.0, True, 'x', 4]
>>> a_list.insert(0, 'x')
>>> a_list
['x', 1, 'a', 2.0, True, 'x', 4]
```

（5）检索元素

使用 count( )方法计算列表中某个元素出现的次数。

```
>>>a_list=['x', 1, 'a', 2.0, True, 'x', 4]
>>> a_list.count('x')
2
```

使用 in 运算符返回某个元素是否在该列表中。

```
>>>a_list=['x', 1, 'a', 2.0, True, 'x', 4]
>>> 3 in a_list
```

```
False
>>> 2.0 in a_list
True
```

（6）删除元素

方法 1：使用 del 语句删除某个特定位置的元素。

```
>>>a_list=['x', 1, 'a', 2.0, True, 'x', 4]
>>> del a_list[1]
>>> a_list
['x', 'a', 2.0, True, 'x', 4]
```

方法 2：使用 remove 方法删除某个特定值的元素。

```
>>>a_list = ['x', 'a', 2.0, True, 'x', 4]
>>> a_list.remove('x')
>>> a_list
['a', 2.0, True, 'x', 4]
>>> a_list.remove('x')
>>> a_list
['a', 2.0, True, 4]
>>> a_list.remove('x')
Traceback (most recent call last):
  File "<stdin>", line 1, in <module>
ValueError: list.remove(x): x not in list
```

方法 3：使用 pop（参数）方法弹出指定位置的元素，缺省参数时弹出最后一个元素。

```
>>> a_list=['a', 2.0, True, 4]
>>> a_list.pop( )       #缺省参数时弹出最后一个元素
4
>>> a_list
['a', 2.0, True]
>>> a_list.pop(1)
2.0
>>> a_list
['a', True]
>>> a_list.pop(1)
True
>>> a_list
['a']
>>> a_list.pop( )
'a'
>>> a_list
[ ]
>>> a_list.pop( )
Traceback (most recent call last):
  File "< stdin >", line 1, in <module>
IndexError: pop from empty list
```

列表方法如表 3-1 所示。

表 3-1 列表方法

函　数	描　述
alist.append(obj)	列表末尾增加元素 obj
alist.count(obj)	统计元素 obj 出现次数
alist.extend(sequence)	用 sequence 扩展列表
alist.index(obj)	返回列表中元素 obj 的索引
alist.insert(index,obj)	在 index 索引之前添加元素 obj
alist.pop(index)	删除索引的元素
alist.remove(obj)	删除指定元素
alist.reverse（）	原地反转序列元素顺序
alist.sort(obj)	为序列排序

3.2.2 元组

元组（Tuple）和列表类似，相当于只读列表，其元素不可以修改。元组适合于遍历操作，对于数据进行“写保护”，其操作速度比列表快。

元组与列表相比，有如下不同点：

1）元组在定义时所有元素是放在一对圆括号“（”和“）”中，而不是方括号。

2）不能向元组增加元素，元组没有 append()、insert()或 extend()方法。

3）不能从元组删除元素，元组没有 remove()或 pop()方法。

4）元组没有 index 方法。但是，可以使用 in 方法。

5）元组可以在字典中被用作“键”，但是列表不行。

下面介绍元组操作。

（1）创建元组

使用赋值运算符“=”将一个元组赋值给变量，即可创建元组对象。

```
>>>tup1 = ('a', 'b', 1997, 2000)
>>>tup2 = (1, 2, 3, 4, 5, 6, 7 )
```

当创建只包含一个元素的元组时，需要注意它的特殊性。此时，只把元素放在圆括号里是不行的，这是因为圆括号既可以表示元组，又可以表示数学公式中的小括号，从而产生歧义。因此，Python 规定：当创建只包含一个元素的元组时，需在元素的后面加一个逗号“,”。

```
>>> x=(1)
>>> x
1
>>> y=(1,)
>>> y
(1,)
>>> z=(1,2)
>>> z
(1, 2)
```

（2）访问元组

元组可以使用下标索引来访问元组中的值。

```
>>>tup1 = ('a', 'b', 1997, 2000)
>>>tup2 = (1, 2, 3, 4, 5, 6, 7 )
>>>print("tup1[0]: ", tup1[0] )
tup1[0]:    a
>>>print("tup2[1:5]: ", tup2[1:5] )
tup2[1:5]: (2, 3, 4, 5)
```

（3）元组连接

元组可以进行连接操作。

```
>>>tup1 = (12, 34.56)
>>>tup2 = ('abc', 'xyz')
# tup1[0] = 100              #修改元组元素操作是非法的
>>>tup3 = tup1 + tup2;             # 创建一个新的元组
>>>print(tup3)
(12, 34.56, 'abc', 'xyz')
```

（4）删除元组

元组中的元素值是不允许删除的，但可以使用 del 语句删除整个元组。

```
>>>tup = ('physics', 'chemistry', 1997, 2000)
>>>del tup[1]
Traceback (most recent call last):
  File "<stdin>", line 1, in <module>
TypeError: 'tuple' objext doesn't support item    deletion
>>>del tup
>>>print(tup)
Traceback (most recent call last):
  File "<stdin>", line 1, in <module>
NameError: name 'tup' is not defined
```

3.2.3 字符串

字符串（String）与列表和元组都是序列，其方法如表 3-2 所示。

表 3-2 字符串方法

函 数	描 述
s.index (sub ,[start, end])	定位子串 sub 在 s 里第一次出现的位置
s.find(sub ,[start ,end]})	与 index 函数一样，但如果找不到会返回-1
s.replace(old, new [,count])	替换 s 里所有 old 子串为 new 子串，count 指定多少个可被替换
s.count(sub[，start，end])	统计 s 里有多少个 sub 子串
s.split( )	默认分隔符是空格 ' '
s.join()	join()方法是 split()方法的逆方法，用来把字符串连接起来
s.lower( )	返回将大写字母变成小写字母的字符串
s.upper( )	返回将小写字母变成大写字母的字符串
sep.join(sequence)	把 sequence 的元素用连接符 sep 连接起来

下面介绍字符串的操作。

（1）index 举例

```
>>> s="Python"
>>> s.index('P')
0
>>> s.index('h',1,4)
3
>>> s.index('y',3,4)
Traceback (most recent call last):
  File "<stdin>", line 1, in <module>
ValueError: substring not found
>>> s.index('h',3,4)
3
```

（2）find 举例

```
>>> s="Python"
>>> s.find('s')
-1
>>> s.find('t',1)
2
```

（3）replace 举例

```
>>> s="Python"
>>> s.replace('h','i')
'Pytion'
```

（4）count 举例

```
>>> s="Python"
>>> s.count('n')
1
```

（5）split 举例

```
>>> s="Python"
>>> s.split()
['Python']
>>> s="hello Python i like it"
>>> s.split()
['hello', 'Python', 'i', 'like', 'it']
>>>s = 'name:zhou,age:20|name:python,age:30|name:wang,age:55'
>>>print(s.split('|') )
['name:zhou,age:20','name:python,age:30','name:wang,age:55']
>>>x,y= s.split('|',1)
>>>print(x)
name:haha,age:20
>>>print(y)
name:python,age:30|name:fef,age:55
```

（6）join 举例

```
>>> li=['apple','peach','banana','pear']
>>> sep=','
>>> s=sep.join(li)                    #连接列表元素
>>> s
'apple,peach,banana,pear'
>>>s5=("Hello","World")
>>>sep=""
>>> sep.join(s5)                      #连接元组元素
'HelloWorld'
```

【例 3-1】 输入一段字符，统计其中单词的个数，单词之间用空格分隔。

【解析】连续一段不含空格字符的字符串就是单词。将连续的若干个空格看作一个空格，因此，单词的个数可以由空格数来决定。如果当前字符是非空格，而它的前一个字符是空格，便认为是新单词的开始，累计单词个数的变量加 1；如果当前字符是非空格字符，而它的前一个字符也是非空格字符，则认为是旧单词的继续，积累单词个数的变量保持不变。

```
str=input("请输入一串字符：")
flag=0
count=0

for c in str:
    if c==" ":
        flag=0
    else:
        if flag==0:
            flag=1
            count=count+1
print("共有%d 个单词"%count)
```

3.3 序列通用

列表、字符串与元组都是序列，具有序列通用的操作、方法和函数，如下所示。

3.3.1 通用操作

列表、字符串与元组具有一些通用操作。其中，成员关系操作符用于判断序列中是否含有特定元素；索引操作符用于获取序列中的特定元素；切片操作符用于获得序列的多个元素。

（1）成员操作符（in 和 not in）

成员操作符用于检查某个元素是否属于序列。

【例 3-2】 in 举例。

```
>>> l1=[1,1.3,"a"]
>>> 1.3 in l1
```

```
True
>>> 2 in l1
False
>>> 2 not in l1
True
```

（2）索引（index）

序列中的每个元素被分配一个序号——即元素的位置，也称为索引。从左至右依次是0,…,n，从右向左计数来存取元素称为负数索引，依次是-1,- 2,…,-n。li[-n]==li[len(list)-n]。

【例 3-3】 索引举例。

```
>>> l1=[1,1.3,"a"]
>>> l1[0]
1
>>> l1[-1]
'a'
```

注意：Python 从 0 开始计数。

（3）切片（slice）

序列切片是指使用序列序号截取其中的任何部分从而得到新的序列。切片操作符是在[]内提供一对可选数字，用“:”分割。冒号前的数表示切片的开始位置，冒号后的数字表示切片截止（但不包含）位置。

注意：记住数是可选的，而冒号是必需的；开始位置包含在切片中，而结束位置不包括。

【例 3-4】 切片举例。

```
>>> l1=[1,1.3,"a"]
>>> l1[1:2]        #取出位置从 1 开始到位置为 2 的字符，但不包含偏移为 2 的元素
[1.3]
>>> l1[:2]         #不指定第一个数，切片从第一个元素，直到但不包含偏移为 2 的元素
[1, 1.3]
>>> l1[1:]         #不指定第二个数，从偏移为 1 直到末尾之间的元素
[1.3, 'a']
>>> l1[:]          # 数字都不指定，则返回整个列表的一个拷贝
[1, 1.3, 'a']
```

3.3.2 通用方法

序列具有一些通用方法，如下所示。

（1）加法

两个序列相加，进行连接操作，代表着两个序列进行并集操作。

【例 3-5】 加法举例。

```
>>> l1=[1,1.3,"a"]
>>> l2=["d",['one','two']]
>>> l1+l2
[1, 1.3, 'a', 'd', ['one', 'two']]
```

（2）减法

【例 3-6】 减法举例。

```
>>> b1=[1,2,3]
>>> b2=[2,3,4]
>>> b1-b2
Traceback (most recent call last):
  File "<stdin>", line 1, in <module>
TypeError: unsupported operand type(s) for -: 'list' and 'list'
```

可以看出，Python 不支持减号，序列的减法属于集合进行差集，如下所示。

```
>>> b1=[1,2,3]
>>> b2=[2,3,4]
>>> b3=[val for val in b1 if val not in b2]
>>> print(b3)
[1]
```

（3）乘法

序列的乘法表示将原来的序列重复多次。

【例 3-7】 乘法举例。

```
>>> l1=[1,1.3,"a"]
>>> l1*3
[1, 1.3, 'a', 1, 1.3, 'a', 1, 1.3, 'a']
```

（4）交集

【例 3-8】 交集举例。

```
>>>b1=[1,2,3]
>>>b2=[2,3,4]
>>>b3 = [val for val in b1 if val in b2]
>>>print (b3)
>>> [2, 3]
```

3.3.3 通用函数

序列操作具有一些通用函数，比如求序列长度 len()；求最大值 max()；最小值 min()；求和 sum()等，如下所示。

（1）len()

功能：求出序列所包含的元素的个数。

【例 3-9】 len()举例。

```
>>> l1=[1,5,9]
>>> len(l1)
3
```

（2）min()

功能：求出序列中最小值。

【例 3-10】 min()举例。

```
>>> l1=[1,5,9]
>> min(l1)
1
```

(3) max()

功能：求出序列中最大值。

【例 3-11】 max()举例。

```
>>> l1=[1,5,9]
>>> max(l1)
9
```

(4) sum()

功能：求出序列中切片之间的和，序列元素必须是数值。

【例 3-12】 sum()举例。

```
>>> l1=[1,5,9]
>>> sum(l1[0:3])
15
```

(5) reverse()

功能：用于对列表中的元素进行反转存放。

【例 3-13】 reverse()举例。

```
>>> l1=[1,5,9]
>>> l1. reverse ()
>>> l1
[9,5,1]
```

通用函数如表 3-3 所示。

表 3-3 通用函数

函　数	功　能
len()	序列所包含的元素的个数
min()	序列中最小值
max()	序列中最大值
sum()	序列中切片之间的和

3.4 字典

本节介绍字典的概念以及字典的操作方法。

3.4.1 字典概念

【例 3-14】 根据学生的名字查找对应的成绩。

【解析】采用列表实现，则需要 names 和 scores 两个列表，并且列表中元素的次序一一对应，例如 zhou->95，Bob->75 等，如下所示。

```
names = ['zhou', 'Bob', 'Tracy']
scores = [95, 75, 85]
```

通过名字查找对应成绩，先在 names 中遍历找到所需查找的名字，再从 scores 中遍历取出对应的成绩，查找时间随着列表的长度增加。为了解决这个问题，Python 提供了字典。字典（dict）在其他程序设计语言中称为映射（map），通过键值对（key-value）存储数据，键和值之间用冒号间隔，元素项之间用逗号间隔，整体用一对大括号“{”和“}”括起来。字典语法结构如下所示。

```
dict_name={key:value，key:value}
```

字典有如下特性。

1）字典的值可以是任意数据类型，包括字符串、整数、对象，甚至字典。

2）键/值对用冒号分隔，而键值队用逗号分隔，所有这些都包括在花括号中。

3）键/值没有顺序。

4）键必须是唯一的，不允许同一个键重复出现，如果同一个键被赋值两次，后一个值会覆盖前面的值。

```
>>>dict = {'Name': 'Zara', 'Age': 7, 'Name': 'Zhou'}
dict['Name']:   Zhou
```

5）键必须不可变，只能使用数字、字符串或元组充当，不能用列表。

```
>>> dict = {['Name']: 'Zhou', 'Age': 7}
Traceback (most recent call last):
  File "<stdin>", line 1, in <module>
TypeError: unhashable type: 'list'
```

【解析】因为 dict 根据 key 来计算 value 的存储位置，如果每次计算相同的 key 得出的结果不同，那 dict 内部就完全混乱了。这个通过 key 计算位置的算法称为哈希算法（Hash）。为了保证 Hash 的正确性，作为 key 的对象就不能变。在 Python 中，字符串、整数等都是不可变的，而 list 是可变的，因此，list 不能作为 key。

字典与列表比较，有以下几个特点。

1）查找和插入的速度极快，不会随着“键”的增加而增加。

2）占用大量的内存，内存浪费多。

3）值通过键存取，而不是通过偏移存取。

采用字典实现例 3-14，则只需创建“名字”-“成绩”的键值对，便可直接通过名字查找成绩。字典实现代码如下。

```
>>> d = {'zhou': 95, 'Bob': 75, 'Tracy': 85}
>>> d['zhou']
95
```

3.4.2 字典操作

下面介绍字典元素的访问、删除、修改、增加等相关操作。

（1）访问字典元素

1）keys()方法返回一个包含所有键的列表。

```
>>> dict= {'zhou': 95, 'Bob': 75, 'Tracy': 85}
```

```
>>> dict.keys()
['Bob', 'Tracy', 'zhou']
```

2）has_key()方法检查字典中是否存在某一键。

```
>>> dict= {'zhou': 95, 'Bob': 75, 'Tracy': 85}
>>> dict.has_key('zhou')
True
```

3）values()方法返回一个包含所有值的列表。

```
>>> dict= {'zhou': 95, 'Bob': 75, 'Tracy': 85}
>>> dict.values()
[75, 85, 95]
```

4）get()方法根据键返回值，如果输入的键不存在，返回 None。

```
>>> dict= {'zhou': 95, 'Bob': 75, 'Tracy': 85}
>>> dict.get('Bob')
75
```

5）items()方法返回一个形如(key , value)组成的元组。

```
>>> dict= {'zhou': 95, 'Bob': 75, 'Tracy': 85}
>>> dict.items()
[('Bob', 75), ('Tracy', 85), ('zhou', 95)]
```

6）in 运算用于判断某键是否在字典里，对于 value 值不适用。

```
>>> tel1 = {'gree':5127, 'pang':6008}
>>> 'gree'   in tel1
True
```

7）copy()方法复制字典。

```
>>> stu1= {'zhou': 95, 'Bob': 75, 'Tracy': 85}
>>> stu2=stu1.copy()
>>> print(stu2)
{'zhou': 95, 'Bob': 75, 'Tracy': 85}
```

（2）删除字典元素

1）del()方法允许使用键从字典中删除元素。

```
>>> dict= {'zhou': 95, 'Bob': 75, 'Tracy': 85}
>>> del dict['zhou']
>>> print(dict)
{'Bob': 75, 'Tracy': 85}
```

2）clear()方法清除字典中所有元素。

```
>>> dict= {'zhou': 95, 'Bob': 75, 'Tracy': 85}
>>> dict.clear()
>>> dict
```

```
{}
```

3）pop()方法删除一个关键字并返回它的值。

```
>>> dict= {'zhou': 95, 'Bob': 75, 'Tracy': 85}
>>> dict.pop('zhou')
95
>>> print(dict)
{'Bob': 75, 'Tracy': 85}
```

（3）修改字典元素

update 方法类似于合并，把一个字典的键和值合并到另一个字典，覆盖相同键的值。

```
>>> tel={'gree': 4127, 'mark': 4127, 'jack': 4098}
>>> tel1 = {'gree':5127, 'pang':6008}
>>> tel.update(tel1)
>>> tel
{'gree': 5127, 'pang': 6008, 'jack': 4098, 'mark': 4127}
```

（4）增加字典元素

```
>>> stu= {'1': 95, '2': 75, '3': 85}
>>>stu['4']=99
>>> print(stu)
{'1': 95, '2': 75, '3': 85,'4':99}
```

字典方法如表 3-4 所示。

表 3-4　字典方法

函　数	描　述
aDic.clear()	删除字典所有元素
aDic.copy()	返回字典副本
aDic.get(key)	返回字典的 key
aDic.has_key(key)	检查字典是否有给定的键
aDic.items()	返回表示字典（键、值）对应表
aDic.keys()	返回字典键的列表
aDic.pop(key)	删除并返回给定键
aDic.values()	返回字典值的列表

3.5 集合

本节介绍集合的概念、集合的操作方法以及集合的交、并、差运算。

3.5.1 集合概念

集合（Set）是一个无序不重复元素集，基本功能包括关系测试和消除重复元素。集合的方法如表 3-5 所示。

表 3-5　集合的方法

函　数	描　述
s.add (x)	将数据项 x 添加到集合 s 中
s.remove (x)	从集合 s 中删除数据项 x
s.clear( )	移除集合 s 中的所有数据项
s.copy()	替换 s 里所有 old 子串为 new 子串，count 指定多少个可被替换
s.count(sub[，start，end])	统计 s 里有多少个 sub 子串
s.split( )	默认分隔符是空格 ''，如果没有分隔符，就把整个字符串作为列表的一个元素
s.join()	join()方法是 split()方法的逆方法，用来把字符串连接起来
s.lower( )	返回将大写字母变成小写字母的字符串
s.upper( )	返回将小写字母变成大写字母的字符串

3.5.2　集合操作

下面介绍集合的相关操作。

（1）创建集合

```
>>> s=set([1,2,3])
>>> s
{1, 2, 3}
```

重复的元素在 set 中被自动过滤，如下所示。

```
>>> s=set([1,3,2,2,2,3])
>>> s
{1, 2, 3}
```

（2）访问集合

集合本身无序，无法进行索引和切片操作，只能使用 in ,not in 或者循环遍历来访问或判断集合元素。

```
>>> a_set=set(['python',2018])
>>> a_set
{2018, 'python'}
>>> 2018 in a_set
True
>>> for i in a_set:
...     print(i,end='')
...
2018python>>>
```

（3）删除集合

使用 del 语句删除集合。例如：

```
>>> a_set=set(['python',2018])
>>> del a_set
>>> a_set
Traceback (most recent call last):
  File "<stdin>", line 1, in <module>
NameError: name 'a_set' is not defined
```

（4）添加集合元素

使用 add 语句添加元素。例如：

```
>>> a_set=set(['python',2018])
>>> a_set.add(29.5)
>>> a_set
{2018, 29.5, 'python'}
```

（5）删除集合元素

从集合中删除元素有 remove()、pop()、clear()等方法，如下所示。

1）remove()

```
>>> a_set=set(['python',2018])
>>> a_set.remove(2018)
>>> a_set
{'python'}
```

2）pop()

```
>>> a_set=set(['python',2018])
>>> a_set.pop()
2018
>>> a_set
{'python'}
```

3）clear()

```
>>> a_set=set(['python',2018])
>>> a_set.clear()
>>> a_set
set()
```

3.5.3 集合运算

Python 提供方法实现交、并、差集合运算。

（1）差集

“-”用于求出两个集合的差集。

（2）并集

“|”用于求出两个集合的并集。

（3）交集

“&”用于求出两个集合的交集。

（4）对称差集

“^”用于求出两个集合中不同时存在的元素。

【例 3-15】 集合运算举例。

```
>>> a=set([1,2,3])
>>> b=set([2,3,4])
>>> a-b
{1}
>>> a|b
{1, 2, 3, 4}
>>> a&b
{2, 3}
>>> a^b
{1, 4}
```

3.6 数据类型转换

以下几个内置函数用于组合数据类型之间的转换，如表 3-6 所示。

表 3-6 数据类型转换

函数	描　述	举　例
eval(x)	将字符串 str 当作有效表达式求值返回结果	>>> eval ("12") 12
tuple(s)	将序列 s 转换为一个元组	>>> tuple([1,2,3]) (1,2,3)
list(s)	将序列 s 转换为一个列表	>>> list((1,2,3)) [1,2,3]

set(s)	转换为可变集合	>>> set([1,4,2,4,3,5])
		{1,2,3,4,5}
		>>> set({1:'a',2:'b',3:'c'})
		{1,2,3}

dict(d)	创建一个字典 (key,value)	>>> dict([('a', 1), ('b', 2), ('c', 3)]) {'a':1, 'b':2, 'c':3}

3.7 习题

1．在列表中输入多个数据作为圆的半径，得出相应的圆的面积。

2．输入一段英文文章，求其长度，并求出包含多少个单词。

3．随意输入 10 个学生的姓名和成绩构成的字典，按照成绩大小排序。

4．输入 10 个学生的姓名和年龄构成的字典，将键和值分别保存到两个列表中。

5．任意输入一串字符，输出其中不同字符以及各自的个数。例如，输入“abcdefgabc”，输出为 a->2,b->2,c->2,d->1,e->1,f->1,g->1。

第 4 章　输入输出文件

程序包括以下三个步骤：输入原始数据、进行计算处理和输出运算结果。本章首先介绍输入和输出的相关知识，其次介绍 Python 的文件，以及文件的分类和操作等。

4.1　输入输出

任何计算机程序都是为了执行一个特定的任务。程序与用户产生交互，有了输入，用户才能告诉计算机程序所需的信息；有了输出，程序运行后才能告诉用户任务的结果。

4.1.1　输入

程序的基本流程包括输入、处理、输出（IPO,In-Process-Out）三个大步骤，如图 4-1 所示。输入包括变量赋值、输入语句；处理就是改变输入信息；输出包括打印改变的输入，或将结果写入文件和数据库等。

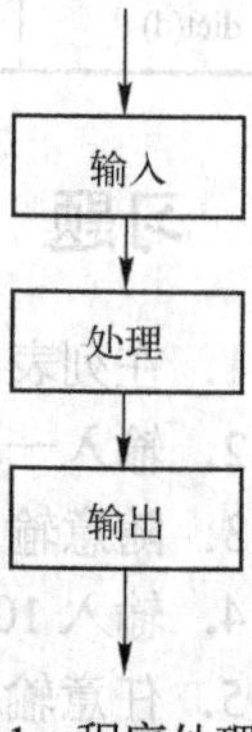

图 4-1　程序处理流程

Python 3 提供 input()函数用于接收用户的输入，如下所示。

```
>>> a=input('please input a number: ')
Please input a number:234
>>> type(a)
(class 'str')
>>> a=int(input('please input a number: ') )
Please input a number:234
>>> type(a)
(class 'int')
>>> a,b=eval(input('please input two number:') )
 please input two number:2,3
>>> a,b
(2,3)
```

4.1.2　输出

Python 3 中，数据输出的操作通过 print()函数实现，操作对象是字符串。

Print()函数的语法结构如下所示。

```
print（[输出项 1，输出项 2，…，输出项 n][,sep=分隔符][,end=结束符]）
```

说明：输出项之间用逗号分隔，没有输出项时输出一个空行。sep 表示输出时各输出项之间的分隔符（默认一空格分隔），end 表示输出时的结束符（默认以回车换行结束）。

【例 4-1】 输出换行与不换行举例。

在一个.py 文件保存如下两条语句，运行结果换行。

```
print ('hello')                    #默认自动换行输出
print ('world!')
输出：
hello
world!
```

在一个.py 文件保存如下两条语句，运行结果不换行。

```
print ('hello,',end='')            #如果输出不换行，则需在变量末尾加上 end=""
print ('world!')
输出：
hello,world!
```

注意：

（1）在 Python 命令行下，print 是可以省略的，默认会输出每一次命令的结果。

```
>>> 'Hello world!'
'Hello world!'
```

（2）多个<expression>间用逗号间隔。print()会依次打印每个字符串，遇到逗号"," 会输出一个空格。

```
>>> print('Hello', 'everyone!')
Hello everyone!
```

（3）格式化控制输出，可以采用格式符（%）和 format()函数两种方式，具体如下所示。

方式一：使用格式符%

格式符%如表 4-1 所示。

表 4-1　格式符%

格式符	格式说明
d 或 i	以带符号的十进制整数形式输出整数（正数省略符号）
o	以八进制无符号整数形式输出整数（不输出前导 0）
x 或 X	以十六进制无符号整数形式输出整数（不输出前导 0x）
c	以字符形式输出，输出一个字符
s	以字符串形式输出
f	以小数形式输出实数，默认输出 6 位小数
e 或 E	以标准指数形式输出实数

【例 4-2】 格式符%输出举例。

```
>>>num=40
>>>price=4.99
```

```
>>>name='zhou'
>>>print("number is %d"%num)
number is 40
>>> print("price is %f"%price)
price is   4.990000
>>> print("price is %.2f"%price)
price is   4.99
>>> print("name   is %.s"%name)
name is zhou
>>>print("%d %f %s"%(num,price,name ))
40 4.990000 zhou
```

方式二：使用 format()函数

str.format()具有格式化输出，如下所示：

```
>>> print('{}网址：   "{}!"'.format('python 教程', 'www.python.com'))
python 教程网址：   "www. python.com!"
```

{}括号及其里面的字符（称作格式化字段）将会被 format()中的参数替换。在括号中的数字用于指向传入对象在 format()中的位置，如下所示。

```
>>> print('{0}  和  {1}'.format('Google', ' python '))
Google 和  python
```

在 format()中使用了关键字参数，其值会指向使用该名字的参数。

```
>>> print('{name}网址：  {website}'.format(name='python 教程', website='www.python.com'))
python 教程网址：   www.python.com
```

在':'后传入一个整数，可以保证该域至少有这么多的宽度，常用于美化表格。

```
>>> table = {'Google': 1, 'python ': 2, }
>>> for name, number in table.items():
...       print('{0:10} ==> {1:10d}'.format(name, number))
Google        ==>              1
python        ==>              2
```

4.2 文件

文件是指在各种存储介质上永久存储的数据集合，如 Word 以.doc 形式存在，将其保存在磁盘上就是磁盘文件，输出到打印机上就是打印文件。

Python 可以从文件输入数据到程序中，也可以将程序的结果输出到文件。根据文件的存储形式，文件分为文本文件（ASCII文件）、二进制文件。其中，图形文件及文字处理程序等计算机程序都属于二进制文件，含有特殊的格式及计算机代码。文本文件（ASCII文件）则是可以用任何文字处理程序阅读的简单文本文件。

4.2.1 ASCII 文件

ASCII 文件又称为文本文件，是由 ASCII 编码字符所组成并且不带任何格式的文件，通常使用字处理软件（如 Windows 的记事本等）编辑。文本文件的读取必须从文件的头部开始，一次全部读出，不能只读取中间的一部分数据，不可以跳跃式访问。文本文件的每一行文本相当于一条记录，每条记录可长可短，记录之间使用“换行符”进行分隔，不能同时进行读、写操作。文本文件的优点是使用方便，占用内存资源较少，但其访问速度较慢，并且不易维护。

4.2.2 二进制文件

二进制文件作为最原始的文件类型，以字节为单位访问数据，二进制文件的存储与加载速度较快。二进制文件不适合阅读，不能用文字处理软件进行编辑。

使用二进制文件有如下三个好处：

1）比较节约空间，这两者存储字符型数据时并没有差别。但是在存储数字，特别是实型数字时，二进制更节省空间，比如存储 3.1415927，文本文件需要 9 个字节，分别存储：3 . 1 4 1 5 9 2 7 这 9 个 ASCII 值，而二进制文件只需要 4 个字节。

2）内存中参加计算的数据都是用二进制存储的。如果存储为文本文件，则需要一个转换过程，当数据量较大时，就会有明显的速度差别。

3）对于比较精确的数据，使用二进制存储数据不会造成有效位的丢失。

4.3 文件操作

在磁盘上读写文件的功能都是由操作系统提供的，现代操作系统不允许普通的程序直接操作磁盘。所以，读写文件就是请求操作系统打开一个文件对象（通常称为文件描述符），然后，通过操作系统提供的接口从这个文件对象中读取数据（读文件），或者把数据写入这个文件对象（写文件）。

4.3.1 打开关闭文件

open()将会返回一个 file 对象，基本语法格式如下：

```
open(filename, mode)
```

参数如下所示。

- filename：filename 变量是一个包含了你要访问的文件名称的字符串值。
- mode：mode 决定了打开文件的方式，如表 4-2 所示。

表 4-2 Python 打开文件方式

模 式	描 述
R	以只读方式打开文件。文件的指针将会放在文件的开头。这是默认模式
rb	以二进制格式打开文件用于只读。文件指针将会放在文件的开头
r+	打开一个文件用于读写。文件指针将会放在文件的开头
rb+	以二进制格式打开一个文件用于读写。文件指针将会放在文件的开头
W	打开一个文件只用于写入。如果该文件已存在则将其覆盖

（续）

模　式	描　述
wb	以二进制格式打开一个文件只用于写入
w+	打开一个文件用于读写。如果该文件已存在则将其覆盖。不存在则创建
wb+	以二进制格式打开一个文件用于读写
a	打开一个文件用于追加。如果该文件已存在，文件指针将会放在文件结尾
ab	以二进制格式打开一个文件用于追加
a+	打开一个文件用于读写，文件打开时会是追加模式
ab+	以二进制格式打开一个文件用于追加，文件指针将会放在文件的结尾

【例 4-3】 文件打开关闭举例。

在 D:\下创建 test.txt 文本文件，如图 4-2 所示。

图 4-2　test.txt 文件

```
#打开文件 open()
try:
    f = open('d:/test.txt','r+')       #注意文件绝对路径写法，使用"/"写法
    ret = f.read()
    print(ret)
finally:
    f.close()
```

程序运行结果如下所示。

```
I learn python3
Programming is fun
```

4.3.2 读写文件

1. 读文件

读文件需要三个步骤。

步骤 1：以读文件的模式打开一个文件对象，使用 Python 内置的 open()函数，传入文件名和标示符。标示符'r'表示读。如果文件不存在，open()函数就会抛出一个 IOError 的错误。

步骤 2：如果文件打开成功，调用 read()等方法读取文件内容，Python 把内容读到内存，用一个 ret 对象表示。

步骤 3：调用 close()方法关闭文件。文件使用完毕后必须关闭，因为文件对象会占用操作系统的资源。

读文件具有如下三种方法。

方法一：read()方法

read()方法用于一次性将文件里的内容全部读取，也可以指定每次读多少个字节，如read(8)就是从文件开始读取 5 个字节。

【例 4-4】 read()方法举例。

```
f = open('d:/test.txt ','r+',encoding='utf-8')
ret = f.read(8)
print(ret)
```

程序运行结果如下所示。

```
I learn
```

方法二：readline()方法

readline()用于一行行地读出并显示文件内容。如果读到文件末尾，就返回一个空字符串。Readline()函数读取文件的流程如图 4-3 所示。

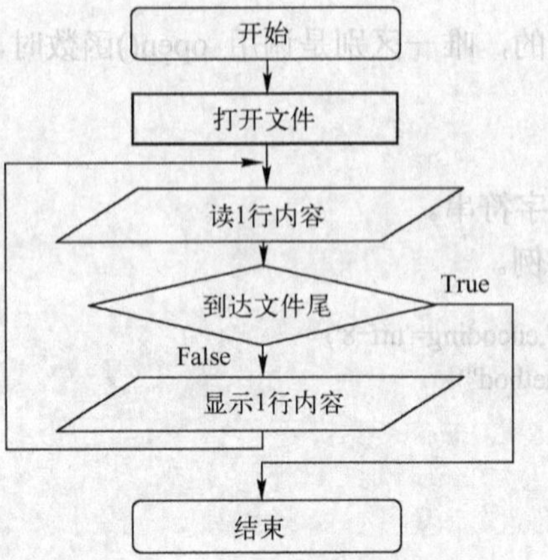

图 4-3 readline 读取文件

【例 4-5】 readline()方法举例。

```
f = open('d:/ test.txt','r+',encoding='utf-8')
ret = f.readline()
print(ret)
f.close()
```

程序运行结果如下所示。

```
I learn python3
```

方法三：readlines()方法

readlines()方法自动将文件内容存储为列表。

【例 4-6】 readlines()方法举例。

```
f = open('d:/ test.txt','r+',encoding='utf-8')
ret = f.readlines()
print(ret)
f.close()
```

程序运行结果如下所示。

```
['I learn python3\n', 'Programming is fun']
```

总之，Python 文件对象提供了三个“读”方法： read()、readline() 和 readlines()。每种方法可以接受一个变量以限制每次读取的数据量。

- read()每次读取整个文件，它通常用于将文件内容放到一个字符串变量中。如果文件大于可用内存，可以反复调用 read(size)方法，每次最多读取 size 个字节的内容。
- readline()与 readlines()之间的差异是后者一次读取整个文件，像 read()一样。readlines()自动将文件内容分析成一个行的列表，该列表可以由 Python 的 for ... in ... 结构进行处理。
- readline() 每次只读取一行，通常比 readlines() 慢得多。仅当没有足够内存可以一次读取整个文件时，应该使用 readline()。

2．写文件

写文件和读文件是一样的，唯一区别是调用 open()函数时，传入标识符为'w'。写文件具有如下两种方法。

方法一：write()方法

写入文件 write()参数是字符串。

【例 4-7】 write 方法举例。

```
f = open('d:/test.txt','a+',encoding='utf-8')
f.write("This is write method")
ret = f.read()
print(ret)
f.close()
```

方法二：writelines()方法

writelines()的参数是序列，比如将列表写入文件。

【例 4-8】 writelines 方法举例。

```
f = open('d:/test.txt','w+',encoding='utf-8')
f.writelines(["aa","bb","cc"])
ret = f.read()
print(ret)
f.close()
```

总之，Python 文件对象提供了两个“写”方法：write() 和 writelines()。

- write()方法和 read()、readline()方法对应，是将字符串写入到文件中。
- writelines()方法和 readlines()方法对应，也是针对列表的操作。它接收一个字符串列表作为参数，将它们写入到文件中，换行符不会自动加入，因此需要显式地加入换行符。

4.3.3 文件相关方法

下面介绍文件的相关方法，如 readable()方法、seek()方法、next()方法、tell()方法和 truncate()方法。

（1）readable()方法

readable ()方法一般形式为：

```
文件对象. readable ()
```

功能：用于判断文件是否可读，不可读则报错" No such file or directory: "。

【例 4-9】 readable()方法举例。

```
f = open('d:/test.txt','r+',encoding='utf-8')
ret = f.readable()
print(ret)
f.close()
```

程序运行结果如下所示。

```
True
```

（2）seek()方法

seek ()方法一般形式为：

```
文件对象. seek (offset, whence)
```

功能：把文件指针移动到相对于 whence 的 offset 位置。其中，offset 表示要移动的字节数，移动时以 offset 为基准，offset 为正数表示向文件末尾方向移动，为负数表示向文件开头方向移动；whence 指定移动的基准位置，为 0 表示以文件开始处作为基准点，为 1 表示以当前位置为基准点，为 2 表示以文件末尾作为基准点。

【例 4-10】 seek()方法举例。

```
>>>fp = open(' d:\\test.txt','r+',encoding='utf-8')
>>> fp.read()                    #读取整个文件内容，文件指针移动到文件末尾
'I learn python'
>>> fp.seek(0,0)                 #把文件指针移动到文件开头处
0
>>> fp.read()
'I learn python'
>>> fp.seek(7,)                  #把文件指针向文件末尾方向移动 7 个字节
7
>>> fp.read()
'python'
```

（3）next ()方法

next ()方法一般形式为：

```
next()
```

功能：用于文件的下一行。

【例 4-11】 next() 方法举例。

文件 test.txt 的内容如下：

```
这是第一行
```

```
这是第二行
这是第三行
这是第四行
这是第五行
```

代码如下：

```
#!/usr/bin/python3
fo = open("test.txt", "r")
print ("文件名为: ", fo.name)
for index in range(5):
    line = next(fo)
    print ("第 %d 行 - %s" % (index, line))
fo.close()
```

输出结果为：

```
文件名为:  test.txt
第 0 行 - 这是第一行
第 1 行 - 这是第二行
第 2 行 - 这是第三行
第 3 行 - 这是第四行
第 4 行 - 这是第五行
```

（4）tell()方法

tell()方法一般形式为：

```
文件对象. tell()
```

功能：用于获取文件的当前指针位置，即相对于文件开始位置的字节数。

【例 4-12】 tell()方法举例。

```
f = open(' d:/test.txt','r+',encoding='utf-8')
ret = f.read(8)                              #先读取 8 个字符
print("pointer position：%s"%f.tell())      #查看当前指针位置
print(ret)
f.seek(0)                                    #重置指定到起始位
print("pointer position：%s"%f.tell())      #再查看指针位置
f.close()
```

程序运行结果如下所示。

```
pointer position：8
I learn
pointer position：0
```

（5）truncate()方法

truncate ()方法一般形式为：

```
文件对象. truncate()
```

功能：用于截断文件数据，仅保留指定之前指定字节数的数据。

【例 4-13】 truncate()方法举例。

```
f = open('d:/test.txt','r+',encoding='utf-8')
f.truncate(8)    #文件只保留前 8 个字节数据，文件后面数据的全部删除
ret = f.read()
print(ret)
f.close()
```

程序运行结果如下所示。

```
I learn
```

4.4 习题

1．什么是文件？文件分几类？各是什么？
2．Python 如何读取文件？
3．Python 2 与 Python 3 中的默认编码是什么？
4．将字符串“Python　Program”写入文件，查看文件的字节数。
5．将输入字符串中的小写字母全部转换成大写字母，输出保存到磁盘文件。
6．判断两个文件是否相同，如果不同请指出第几行不相同。

第 5 章　顺序与选择结构

本章首先介绍了 Python 程序设计的基本流程，算法的五个特性和三个层次以及程序流程图等。其次，重点讲解了顺序结构和选择结构。其中，顺序结构是程序按照代码出现的先后次序执行；选择结构是用来实现逻辑判断功能的重要手段。最后，讲解了代码书写的相关规则。

5.1　程序设计流程

Python 设计程序一般分为如下步骤，如图 5-1 所示。

步骤 1：分析找出解决问题的关键之处，即找出解决问题的算法，确定算法的步骤。

步骤 2：将算法转换为程序流程图，用于描绘出对实际问题的解决步骤。

步骤 3：根据程序流程图编写符合 Python 3 语法的代码。

步骤 4：调试程序、发现并纠正错误、运行程序。

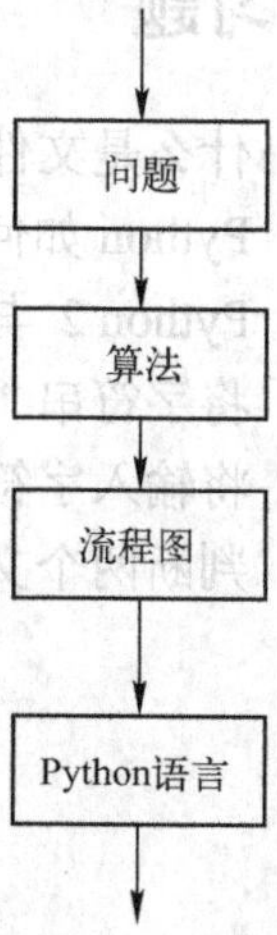

图 5-1　Python 程序设计流程

5.1.1　算法

著名计算机科学家沃思提出：程序=数据结构+算法。其中，算法解决“如何操作数据”的问题；数据结构解决“如何描述数据”的问题，是指定数据类型和数据的组织形式，Python 提供了列表、元组、字符串、字典和集合等数据类型。

算法（Algorithm）是通过对一定规范的输入进行处理，在有限时间内获得所要求的输出的整个过程。算法与具体的程序语言无关，一般具备以下五个特性。

1）确定性。算法的每个步骤都应确切无误，没有歧义。

2）可行性。算法的每个步骤都必须满足计算机语言能够有效执行、可以实现的要求，并可得到确定的结果。

3）有穷性。算法包含的步骤必须是有限的，并可以在一个合理的时间限度内执行完毕，不能无休止地执行下去。例如计算圆周率，只能精确到某一位。

4）输入性。由于算法的操作对象是数据，因此应在执行操作前提供数据，执行算法时可以有多个输入，也可以没有输入（0 个输入）。

5）输出性。算法的目的是解决问题，必然要提供 1 个或多个输出。

【例 5-1】 从键盘上输入三角形的三个边，求三角形面积。

【解析】 其算法步骤如下所示。

步骤 1：从键盘上任意输入三个整数，用 a、b、c 存储。

步骤 2：判断 a、b、c 是否符合三角形的定义，两边之和大于第三边。

步骤 3：如果符合，则先求出周长的一半 s=(a+b+c)/2，调用海伦公式：

area=$\sqrt{s(s-a)(s-b)(s-c)}$，求出三角形面积 area。

步骤 4：输出 area。

下面，用算法的五个特性来分析【例 5-1】。

1）确定性。【例 5-1】共有四个步骤，每一个步骤都有确定的含义，没有二义性。

2）可行性。【例 5-1】的每个步骤都可以用 Python 去实现。

3）有穷性。【例 5-1】只有四个步骤，是有限的。

4）输入性。【例 5-1】有三个输入，a、b、c 分别代表三角形的三个边。

5）输出性。【例 5-1】有一个输出，area 代表三角形的面积。

Python 语言的学习大致分为以下两个方面：

1）Python 语言本身语法以及编程环境的掌握。

2）算法的学习，算法学习可以分为如下三个层次或三个阶段，如下所示。

第一层次——“算法基础教学阶段”，学习基本的算法和程序设计方法，如查找、排序、递归程序设计等。典型的课程是“数据结构”。

第二层次——“算法提高教学阶段”，学习一些重要的算法设计方法，如分治法、动态规划法、贪心法、回溯法等，理解算法的时间和空间复杂性以及复杂性分析等重要概念。典型的课程是“算法设计与分析”。

第三层次——“算法高级教学阶段”，学习工程应用中和数据智能处理相关的一些重要算法与模型，如最优化方法（如梯度下降法）、遗传算法、神经网络算法等。典型的课程是“工程最优化方法”“模式识别”“人工智能”等。

本书主要讲授算法为第一层次，如表 5-1 所示。

表 5-1　算法学习的三个层次

层次	概　念	内　容
第一层次	算法基础教学阶段	一些基本的算法，如排序、查找、递归等算法
第二层次	算法提高教学阶段	涉及数据结构中树与图的学习，如贪心算法、背包算法等
第三层次	算法高级教学阶段	优化算法的学习，涉及算法的时间复杂度和空间复杂度，如蚁群算法、聚类算法等方法

5.1.2　程序流程图

算法表示方法有自然语言、流程图、N-S 结构流程图、伪代码等。自然语言就是人们日常生活中的语言，用自然语言通俗易懂，容易被人接受，但是容易产生二义性，即歧义。例如，英文单词“doctor”，意为“博士”或“医生”，需要根据“doctor”所处的语境决定其含义，不同的语境有不同的含义。在数学和计算机科学之中，往往采用流程图、伪语言、PAD 图和形式化语言（Z 语言等）描述算法，其中最普遍的是流程图。

程序流程图又称为框图，采用一些几何框图、流向线和文字说明表示算法，具有以下优点：

1）采用简单规范的符号，画法简单。

2）结构清晰，逻辑性强。

3）便于描述，容易理解。

程序流程图主要采用如下的符号进行问题的描述。

1）开始框和结束框用于流程的开始和结束，如图 5-2a、图 5-2b 所示。

2）输入框向程序输入数据，输出框用于程序向外输出信息，如图 5-2c 所示。

3）箭头表示控制流向，如图 5-2c 所示。

4）执行框又称为方框，用于表示一个处理步骤，如图 5-2d 所示，箭头是一进一出。

5）判别框又称为菱形框，用于表示一个逻辑条件，如图 5-2e 所示，箭头是一进两出。

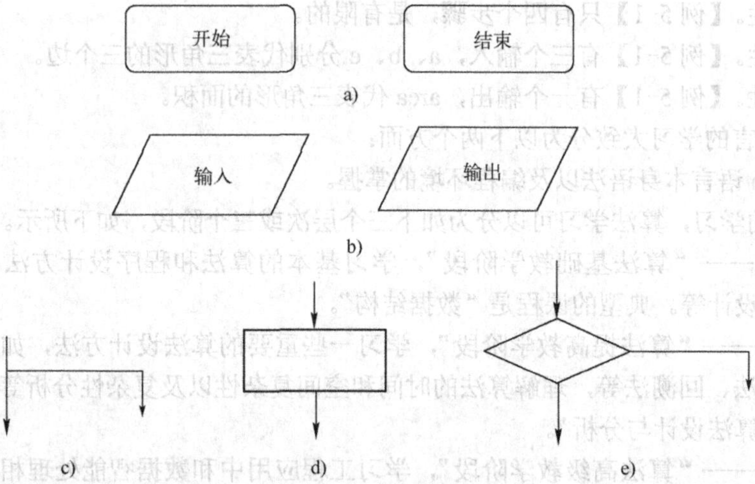

图 5-2　程序流程图基本符号

【例 5-2】 求三个整数之和的流程图。

三个整数之和的流程图如图 5-3 所示。

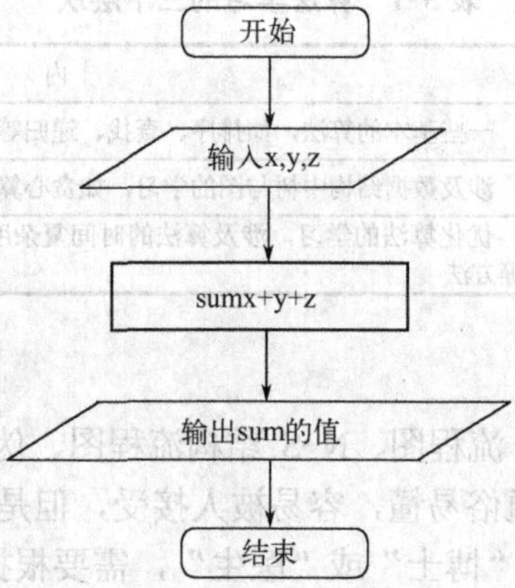

图 5-3　三个整数之和的流程图

5.1.3　三种基本结构

1996 年意大利人 Bobra 和 Jacopini 发现任何程序均可以由“顺序”、“选择”和“循环”这三种基本结构，通过有限次的组合与嵌套来描述。

（1）顺序结构

顺序结构是最简单的控制结构，按照语句书写的顺序一句一句地执行。顺序结构的语句主要是赋值语句。例如火车在轨道上行驶，只有过了上一站点才能到达下一站点。

（2）选择结构

选择结构又称为分支语句、条件判定结构，它表示在某种特定的条件下选择程序中的特定语句执行，即对不同的问题采用不同的处理方法。例如在一个十字路口处，可以选择向东、南、西、北几个方向行走。

（3）循环结构

循环结构是指程序从某处开始有规律地反复执行某一操作块的程序结构。如果满足条件表达式后，反复地执行某些语言或某一操作，就需要循环结构。循环结构作为程序设计中最能发挥计算机特点的基本结构，可以减少程序代码重复书写的工作量。例如 4000 米跑，围着足球场跑道不停地跑，直到满足条件时（10 圈）才停下来。

三种结构具有单入口、单出口的共同特点，其关系是顺序关系、平行关系，也可以互相嵌套，通过结构之间的复合形成复杂的关系。

5.2 顺序结构

顺序结构是最简单的控制结构，按照语句书写先后次序依次执行。顺序结构的语句主要是赋值语句、输入与输出语句等，其特点是程序沿着一个方向进行，如图 5-4 所示。顺序结构只有先执行完语句 1，才会执行语句 2。语句 1 将输入数值进行处理后，其输出结果作为语句 2 的输入。也就是说，如果没有执行语句 1，语句 2 不会执行。

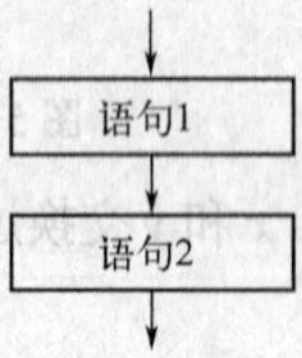

图 5-4 顺序结构图

【例 5-3】 从键盘上输入一整数作为半径，求圆的面积和周长。

```
PI=3.1415926
number=int(input("please in put a number"))
area = PI * number* number
Perimeter=2*PI*number
print("circle's Perimeter is ",Perimeter)
print("circle's area is ",area)
```

程序运行结果如下所示，输入 4

```
please in put a number4
circle's Perimeter is    25.1327408
circle's area is    50.2654816
```

5.3 选择结构

选择结构又称为分支语句、条件判定结构，Python 根据条件表达式的执行结果（True 或者 False），选择特定的不同的语句执行。Python 是通过 if 语句来实现分支语句。if 语句具有单分支、双分支和多分支等形式。

5.3.1 单分支

if 的单分支语句流程图如图 5-5 所示。

```
if  条件表达式:
        语句块
```

条件表达式的非 0 的值为 True，0 是 False。

【例 5-4】 从键盘上输入两个正整数 x 和 y，升序输出。

【解析】假设输入次序为 3 和 5，只需顺序输出两个数。但若输入为 5 和 3，则必须对两个数交换后输出。设两个整数为 x 和 y，引入临时变量 t，通过以下三个步骤实现 x 和 y 的交换，如图 5-6 所示。

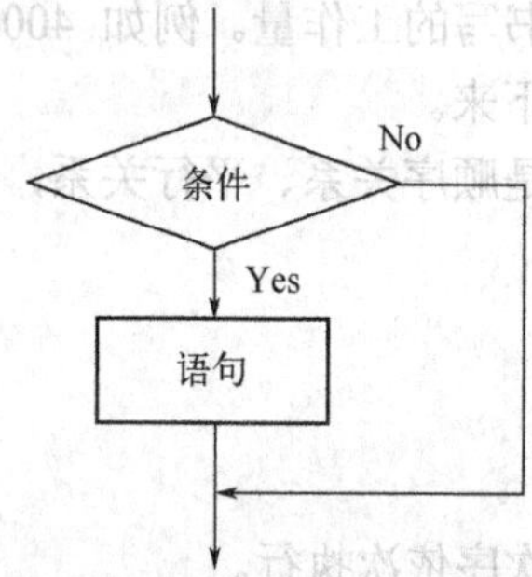

图 5-5 if 的单分支流程图

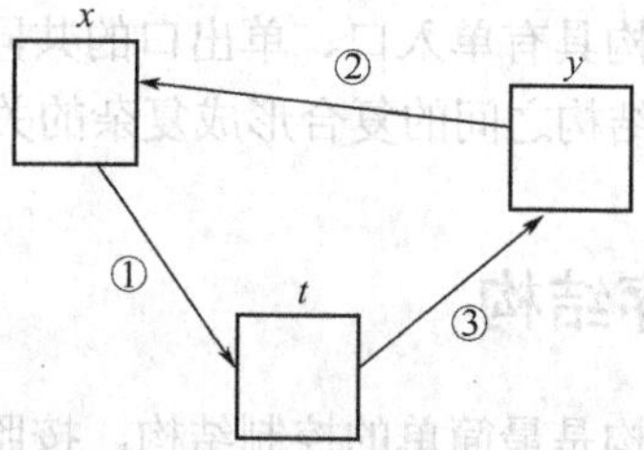

图 5-6 x 和 y 交换，引入临时变量 t

x 和 y 交换过程如表 5-2 所示。

表 5-2 交换变量过程

交换步骤	变量 x	变量 y	变量 t
交换前	5	3	0
步骤一	5	3	5
步骤二	3	3	5
步骤三	3	5	5

【代码】

```
x=int(input("please input   x"))      等价      x,y=eval(input('please input x,y'))
y=int(input("please input   y"))
print ("before sorting:", x, y)
if   x>y:   #如果 x 大于 y 条件成立，则引入 t 交换 x 和 y
    t = x          等价        t = y          等价        x,y=y,x
    x = y                      y = x
    y = t                      x = t
print("after   sorting", x, y)
```

5.3.2 双分支

if 语句的双分支流程图如图 5-7 所示。当条件表达式的值为 True 时，程序执行语句 1；当条件表达式的值为 False 时，程序执行语句 2。

if 的双分支语句书写格式如下：

```
if  条件表达式:
        <语句块 1>
else:
        <语句块 2>
```

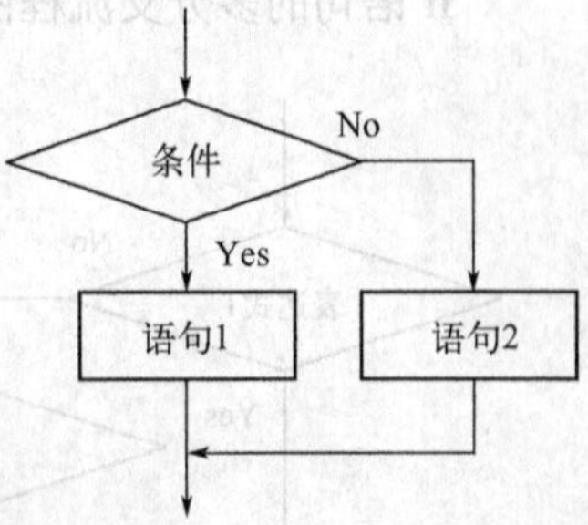

图 5-7 if 语句的双分支流程图

【例 5-5】 一个 5 位数，判断它是不是回文数，例如 12321 是回文数，个位与万位相同，十位与千位相同。

【解析】分解出每一位数（万位、千位、十位和个位），然后判断首尾是否相等。

【代码】

```
x=int(input('请输入 x:'))
wan=x//10000;
qian=x%10000//1000;
shi=x%100//10;
ge=x%10;
if ge==wan and shi==qian:
    print("It is palindromic number!\n")
else:
    print("It is not palindromic number!\n")
```

5.3.3 多分支

当分支超过 2 个时，采用 if 语句的多分支语句。该语句的作用是根据不同的条件表达式的值确定执行哪个语句块。

if 的多分支语句格式如下所示。

```
if 条件表达式 1 :
    <语句块 1>
elif  条件表达式 2 :
    <语句块 2>
……
else:
    <语句块 n>
```

多分支执行的思路如下所示。

"条件表达式 1" 为 True 将执行 "语句块 1"，如果 "条件表达式 1" 为 False，将判断 "条件表达式 2"；如果"条件表达式 2" 为 True，将执行 "语句块 2"，如果 "条件表达式 2" 为 False，将执行"语句块 3"；……；如果 "条件表达式 n" 为 True，将执行"语句块 n"，如果 "条件表达式 n" 为 False，将执行"语句块 m"。

if 语句的多分支流程图如图 5-8 所示。

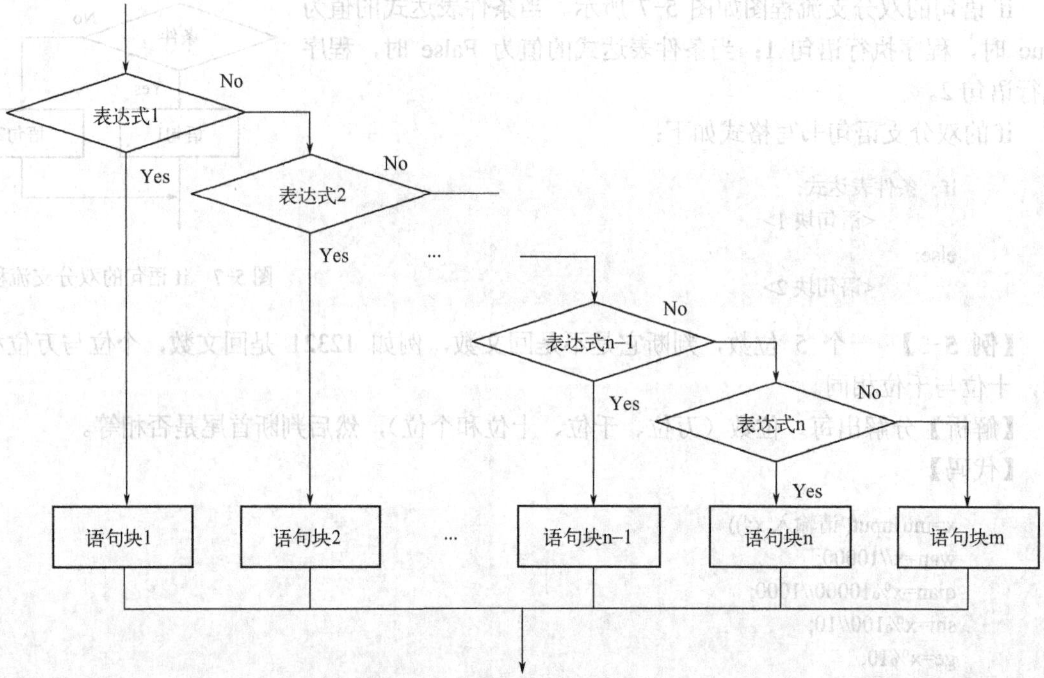

图 5-8　if 语句的多分支流程图

【例 5-6】 根据当前时间是上午、下午还是晚上，分别给出不同的问候信息。

【解析】两种方法的执行效果如表 5-3 所示。

表 5-3　两种解法

方法一	方法二
if 的单分支语句	if 的多分支语句

hour=int(input("hour"))
if hour<=12:
    print("Good morning")
if (hour>12) and (hour<18):
    print("Good afternoon")
if hour>=18:
    print("Good Evening")
	hour=int(input("hour"))
	if hour <= 12 :
	    print("Good morning")
	elif hour < 18:
	    print("Good afternoon")
	else:
	    print("Good Evening")

程序执行按照三个 if 语句的顺序依次执行。例如，hour 小于 12，则第 1 个 if 语句的判断条件 hour<=12 为真，执行“Good morning”；之后还要对第 2 个和第 3 个 if 语句的判断条件进行执行。而在这种情况下，第 2 个和第 3 个 if 语句已经没有必要执行了	程序执行按照 if 语句的多分支执行。例如，hour 小于 12，则第 1 个 if 语句的判断条件 hour<=12 为真，执行“Good morning”；之后不再对第 2 个和第 3 个 if 语句的判断条件进行执行，实现功能
三条 if 的单分支语句的并列使用虽然可实现功能，但效率较差	采用 if 语句的多分支语句执行效率较快

【例 5-7】 已知百分制成绩 mark，显示对应的五级制成绩。即学习成绩>=90 分的同学用“优秀”表示，80～89 分之间的用“良好”表示，70～79 分之间的用“中等”表示，60～69 分之间的用“及格” 表示，60 分以下的用“不及格”表示。

【解析】表 5-4 给出三种方法是否都能完成题意？为什么？

表 5-4　百分制转换为五级制

方法一	方法二	方法三

mark = int(input("输入 x 值"))
if mark>=90:
    print("优秀")
elif mark>=80:
    print("良好")
elif mark>=70:
    print("中等")
elif mark>=60:
    print("及格")
else:
    print("不及格")
	mark = int(input("输入 x 值"))
	if mark<=60:
	    print("不及格")
	elif mark<=70:
	    print("及格")
	elif mark<=80:
	    print("中等")
	elif mark<=90:
	    print("良好")
	else:
	    print("优秀")
		mark = int(input("输入 x 值"))
		if mark>=60:
		    print("及格")
		elif mark>=70:
		    print("中等")
		elif mark>=80:
		    print("良好")
		elif mark>=90:
		    print("优秀")
		else:
		    print("不及格")

5.3.4　分支嵌套

分支嵌套的形式如下：

```
if 表达式 1:
    语句
    if 表达式 2:
        语句
    elif 表达式 3:
        语句
    else:
        语句
elif 表达式 4:
    语句
else:
语句
```

注意：有多个条件要判断，每一个条件判断是在上一个条件的基础之上。

【例 5-8】 从键盘上输入一整数，判断其是否能被 2 或者 3 整除。

```
num=int(input("enter number"))
if num%2==0:
    if num%3==0:
        print("Divisible by 3 and 2")
    else:
        print("divisible by 2 not divisible by 3")
else:
    if num%3==0:
        print("divisible by 3 not divisible by 2")
    else:
        print("not Divisible by 2 not divisible by 3")
```

程序运行结果如下所示。

```
enter number8
divisible by 2 not divisible by 3
```

或者

```
enter number15
divisible by 3 not divisible by 2
```

或者

```
enter number12
Divisible by 3 and 2
```

【例 5-9】 从键盘上输入三个整数，按照从小到大的顺序排序。

【解析】不妨设 *x*、*y*、*z* 取值为 2、3、4，通过排列组合共有 6 种情况，如表 5-5 所示。

表 5-5 三个变量取值情况

x	*y*	*z*
2	3	4
2	4	3
3	2	4
3	4	2
4	2	3
4	3	2

假设 *x* 为三个数的最大数，即 *x*>*y* 且 *x*>*z*。对于 *x*>*y* 需要 *x* 与 *y* 交换；对于 *x*>*z* 需要 *x* 与 *z* 交换。交换之后，*x* 成为 *x*、*y*、*z* 中最小数。对于 *y*>*z*，需要 *y* 和 *z* 交换。因此，三个数的排序需要进行三次交换，三条 if 的单分支语句并列使用。

```
x=int(input("please input   x"))
y=int(input("please input   y"))
z=int(input("please input   y"))
print ("before sorting:", x, y,z)
if   x<y:
     t = x;      x = y;      y = t
if   x<z:
     t = x;      x = z;      z = t
if   y<z:
     t = y;      y = z;      z = t
print("after   sorting", x, y,z)
```

若采用 if 语句的嵌套，代码如下所示，是否能实现题意？

```
x = int(input("输入 x 值"))
y = int(input("输入 y 值"))
z = int(input("输入 z 值"))
print ("before sorting:", x, y,z)
if x<y:
     t=x;x=y; y=t
     if   x<z:
          t=x; x=z; z=t
          if   y<z:
```

```
            t=y;y=z;z=t
    print("after    sorting", x, y,z)
```

5.4 代码书写规则

5.4.1 缩进

Python 的一个最明显的特征是，它不使用分号和括号，而使用缩进表示代码块。C 语言使用大括号 {} 表示缩进，认为缩进是代码书写风格。“有了更好”，而不是“没有不行”。但是，Python 将缩进作为语法要求，必须缩进，否则会出现语法错误。这样使得代码不但具有层次性，而且可读性大为改善。C 语言与 Python 语言缩进对比如图 5-9 所示。

```
if (x > y) {
    x = 1;
    y = 2;
}
```

```
if x > y:
    x = 1
    y = 2
```

图 5-9　C 语言与 Python 语言缩进对比

Python 使用代码块的缩进来体现代码之间的逻辑关系，行首的空白称为缩进，缩进结束就表示一个代码块结束了。缩进的空格数是可变的，但是同一个代码块的语句必须包含相同的缩进空格数。

注意：要么都是空格，要么都是 tab 制表符，千万别混用。

【例 5-10】 缩进空格数不一致举例。

```
if True:
    print ("Answer")
    print ("True")
else:
    print ("Answer")
  print ("False")      # 缩进不一致，会导致运行错误
```

5.4.2 多行语句

Python 通常是一行代表一条语句。但如果语句很长，可以使用反斜杠(\)实现分行。

【例 5-11】 多行语句举例。

```
total = item_one + \
        item_two + \
        item_three
```

在 [], {}, 或 () 中的多行语句，不需要使用反斜杠(\)，例如：

```
days = ['Monday', 'Tuesday', 'Wednesday',
        'Thursday', 'Friday']
```

5.4.3 空行

函数之间或类的方法之间用空行分隔，表示一段新的代码的开始。类和函数入口之间也用一行空行分隔，以突出函数入口的开始。

空行与代码缩进不同，空行并不是 Python 语法的一部分。书写时不插入空行，Python 解释器运行也不会出错。空行的作用在于分隔两段不同功能或含义的代码，便于代码维护。

5.4.4 注释

注释是指用自然语言标明某段代码的功能是什么，程序执行时不会考虑注释。另外，如果想临时移除一段代码时，也可以用注释的方式将这段代码临时禁用。

Python 3 使用“#”开头和三重引号两种注释方式，如图 5-10 所示。

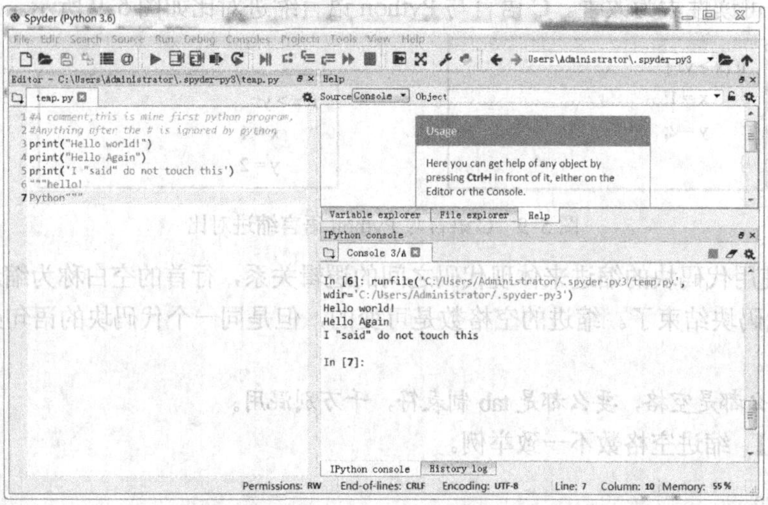

图 5-10　注释

注意：

（1）注释可以添加在代码中的任意位置，但不能添加在字符串中。

（2）若要将注释追加到某语句，可在该语句后插入一个#号，在后面添加注释。

（3）注释还可以位于单独的行中，一般位于所要注释代码的上一行。

5.5 习题

1．编写一个程序：输入某个时钟的分钟数，将其转化为用小时和分钟表示。

2．在购买某物品时，若标明的价钱 x 在下面范围内，所付钱 y 按对应折扣支付，其数学表达式如下：

$$y=\begin{cases}x, & x<1000\\ 0.9x, & 1000\leqslant x<2000\\ 0.8x, & 2000\leqslant x<3000\\ 0.7x, & x\geqslant 3000\end{cases}$$

3．编写一个程序：判断用户输入的字符是数字字符、字母字符还是其他字符。

4．编写计算圆面积和球体积的程序。要求输出结果只保留四位小数；如果半径的输入不合法，如含有非数值字符，提示错误。

5．输入一行字符，分别统计出其中英文字母、空格、数字和其他字符的个数。

6．输入三角形的三条边，判断是否能组成三角形。若可以，计算该三角形的面积。

7．买地铁车票的规定如下：乘 1～4 站，3 元/位；乘 5～9 站，4 元/位；乘 9 站以上，5 元/位。输入人数、站数，输出应付款。

第6章 循环结构

循环结构是指程序有规律地反复执行某一操作块。本章介绍了 Python 语言的 while 循环和 for 循环。while 循环常用于多次重复运算，而 for 循环用于遍历序列型数据。其次，介绍了一个循环体里面嵌入另一个循环的二重循环。最后，介绍了 break、continue 和 pass 等辅助语句。

6.1 循环概述

【例 6-1】 求 1～5 五个数之和。

```
i=1
sum=0
sum+=i;i+=1
sum+=i;i+=1
sum+=i;i+=1
sum+=i;i+=1
sum+=i
print(sum)
```

【解析】sum+=i 重复写了 5 次，题意若改为 1～100 之和，则 sum+=i 需要写上 100 遍，怎么办？针对这种具有重复有规律的行为，引入循环结构。

6.1.1 三个表达式

循环结构是指程序有规律地反复执行某一语句块的现象。循环由循环体及循环控制条件两部分组成。反复执行的语句或程序段称为循环体。循环体是否能继续执行，取决于循环控制条件的真假。图 6-1 给出了构造循环的流程图。

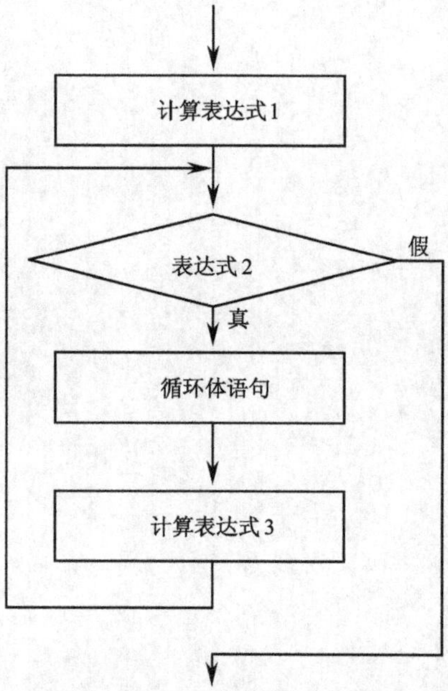

图 6-1 构造循环结构

构造循环结构的关键是确定与循环控制变量有关的三个表达式：表达式 1、表达式 2 和表达式 3。

- 表达式 1：用于给循环控制变量赋予初值，作为循环开始的初始条件。
- 表达式 2：用于判断是否去执行循环体。当满足表达式 2 时，循环体反复被执行，反之，当条件表达式 2 为假，退出循环体，不再反复执行。设想，如果表达式 2 始终为真，循环体将会一直被执行，成为“死循环”。那么如何终止循环呢？也就是说，如何让表达式 2 为假？于是产生了表达式 3。

- 表达式 3：用于改变循环控制变量，终止循环体，预防“死循环”。每当循环体执行一次，表达式 3 也执行一次，循环控制变量的改变最终导致表达式 2 结果为假，从而终止循环。

6.1.2 循环分类

循环分为确定次数循环和不确定次数循环。确定次数循环是指在循环开始之前就可以确定循环体执行的次数。不确定次数循环是指有些循环只知道循环结束的条件，其循环体所重复执行的次数事先并不知道，往往需要用户参与循环执行的流程控制，实现交互式循环。

Python 语言中，循环结构有 while 和 for 两种循环结构。

6.2 while 语句

本节介绍 while 语句的基本形式，else 语句和无限循环等内容。

6.2.1 基本形式

while 循环，只要条件满足，就不断循环，条件不满足时退出循环。while 语句的书写格式如下。

```
while 循环控制条件:
循环体
```

【例 6-2】 计算 1～100 之间所有整数之和。

```
N=100
counter=1      #表达式 1，counter 为循环变量
sum=0  #sum 表示累加的和
while counter <= N:  #表达式 2，counter 的变化范围从 1 到 100
    sum = sum + counter                #部分和累加
    counter +=1                  # 表达式 3，counter 的步长为 1
print("1 到 %d 之和为: %d" % (n,sum))
```

【运行结果】

```
1 到 100 之和为: 5050
```

【解析】计算一批数据的“和”称为“累加”，是一种典型的循环。通常引入变量 sum 存放“部分和”，变量 i 存放“累加项”，通过“和值=和值+累加项”实现。counter 是循环变量，和它有关的三个表达式分别是表达式 1（counter=1），表达式 2（counter<=N）和表达式 3（counter+=1）。

循环的单步分析如表 6-1 所示。

表 6-1　循环的单步分析

循环变量（counter）	表达式 2 (counter <=100)	是否执行循环体	循环体 sum＝sum＋counter	表达式 3 (counter +=1)
0	true	执行	0	1
1	true	执行	1	2
2	true	执行	3	3
3	true	执行	6	…
…	…	执行	…	…
99	true	执行	4950	100
100	true	执行	5050	101
101	false	不执行	**5050**	**101**

【例 6-3】 计算 1～100 之间所有奇数的和。

【解析】方法一和方法二如表 6-2 所示。

表 6-2　1～100 之内奇数的和

方法一	方法二
改变步长，每次递增为 2	遍历 100 以内的所有 i，如果是奇数，进行累加

i=1;sum=0
while i<=100:
    sum = sum + i
    i+=2   # 步长为 2
	i=1;sum=0
	while i<=100:
	    if i%2!=0: #是奇数
	        sum = sum + i
	    i=i+1
	print("sum",sum)

6.2.2 else 语句

while...else 语法是 Python 中最不常用，最为人误解的语法特性之一，书写格式如下：

```
while 循环控制条件:
      循环体
else:
      语句
```

当 while 结构中存在可选部分 else，其循环体执行结束后，会执行 else 语句块。

【例 6-4】 猜数游戏：在 0～9 之间猜数，如果大于预设数，显示“大”；小于预设数，显示“小”，如此循环，直至猜中该数，显示“恭喜！你猜中了！”。

【解答】

```
num=7                                #预设数
while True:
    guess=int(input("please input a number:"))
    if guess == num:
        print("right!")
        break;
    elif guess > num:                #大于预设数
```

```
        print("bigger")
    else:                                    #小于预设数
        print("smaller")
```

【运行结果】

```
please input a number:8
bigger
please input a number:4
smaller
please input a number:7
right!
```

6.2.3 无限循环

无限循环又称为死循环，当 while 语句的“条件表达式”永远为真，循环将永远不会结束。使用 while 语句构成无限循环的格式通常为：

```
while True:
    循环体
```

一般采用在循环体内使用 break 语句强制结束死循环。如果程序陷入“死循环”，也就是永远循环下去，可以用〈Ctrl+C〉退出程序，或者强制结束 Python 进程。

【例 6-5】 求 2+4+6+8+⋯+n<100 成立的最大的 n 值。

【解析】遍历过程以递增的方式进行，当找到第一个能使此不等式成立的 n 值，循环过程立即停止，可使用 break 语句提前终止循环。

```
i = 2; sum = 0
while True:
    sum+= i
    if sum>=100:
        break
    else:
        i+= 2
print("the max number is ",i)
```

程序运行结果如下所示。

```
the max number is   20
```

6.3 for 语句

for 语句主要应用于序列数据类型和 range()函数。

6.3.1 应用序列类型

for...in 循环语句依次访问序列中全体元素，主要用于列表、元组、字符串等迭代结构。for 语句书写格式如下：

```
for <variable> in <sequence>:
    <statements>
else:
    <statements>
```

【例 6-6】 for 循环应用于列表序列。

```
fruits = ['banana', 'apple',   'mango']     #列表
for fruit in fruits:
   print('fruits have :', fruit)
```

程序运行结果如下所示。

```
fruits have : banana
fruits have : apple
fruits have : mango
```

6.3.2 内置函数 range()

内置函数 range() 返回一个迭代器，可以生成指定范围的数字。range()一般格式如下：

```
range ([start,]stop[,step])
```

range()共有三个参数：start 和 step 是可选的，start 表示开始，默认值为 0；end 表示结束；step 表示每次跳跃的间距，默认值为 1。函数功能是生成一个从 start 开始，到 end 结束（不包括 end）的数字序列。例如，range(1,101,2)表示从 1 开始，跳跃为 2，到 101 为止（不包括 101）的数字序列。

【例 6-7】 随机产生 10 个 100～200 之间的数，求最大值和最小值。

【解析】从若干个数中求出最大值或最小值，通常采用“打擂台”算法：声明一个变量 Max，用于存储暂时最大值。最初，第一个数为暂时最大值，然后依次与余下的数进行比较，如果余下的数比 Max 还大，更新暂时最大值，直到整个序列比较完毕。

代码如下所示：

```
import random
x = random.choice(range(100,200))
max = 100
for i in range(1 ,11):
   x = random.choice(range(100,200))
   print(x ," ", end="")
   if x>max:
       max = x
print
print("max=", max)
```

运行结果如下所示。

```
142   160   132   172   153   120   151   174   163   136
max= 174
```

【例 6-8】 求学生分数的平均值。

方法一：使用 Python 的内建函数 sum()求和，然后再求平均分。

代码如下。

```
>>> score = [70, 90, 78, 85, 97, 94, 65, 80]
>>> score
[70, 90, 78, 85, 97, 94, 65, 80]
>>> aver = sum(score) / 8.0
>>> aver
82.375
```

方法二：使用 for 语句进行遍历，程序流程图如图 6-2 所示。

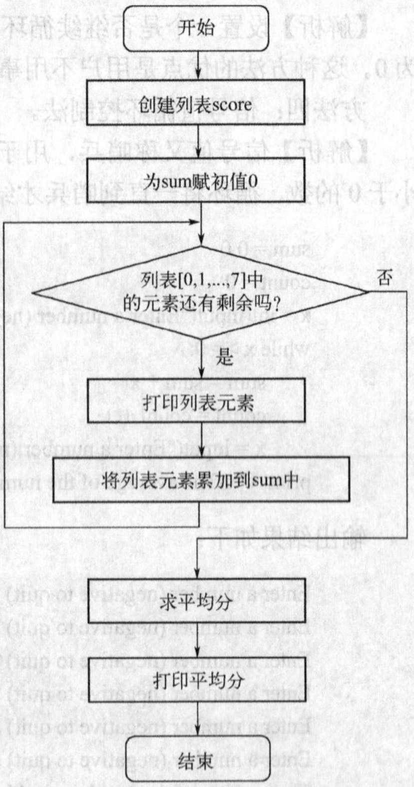

图 6-2 程序流程图

1）列表 score 有 8 个元素，序列索引范围是“0 ～ 7”。

2）成员测试运算符“in”,如果成员在序列中，测试结果为“True”，否则为“False”。

3）内建函数 len()用于计算序列长度。

4）内建函数 range()给出循环取值的范围。

代码如下。

```
score = [70, 90, 78, 85, 97, 94, 65, 80]
print '所有的分数值是：'
print score    #打印列表
sum = 0
#以下 for 语句的 i 是迭代项，内建函数 len(score)的执行结果是 8
#内建函数 range(8) 返回一个列表[0, 1, 2, 3, 4, 5, 6,7]
#运算符 in 是判断迭代项 i 是否还在列表[0, 1,2, 3, 4, 5, 6, 7]中
for i in range(len(score)):
   sum += score[i]              #循环体——对列表元素求和
aver = sum / 8.0                #循环之后，求平均值
print '\naver = ', aver
```

方法三：while 循环。

```
flag= 'y'
sum = 0.0
counter = 0
while flag== 'y':
            x = int(input("Enter a number >> "))
            sum = sum + x
            counter = counter + 1
            flag= raw_input("enter? (y or n)? ")
print("\nThe average is", sum / counter)
```

【解析】设置一个是否继续循环的标志（flag），初始化 flag 为“y”，sum 为 0，counter 为 0。这种方法的优点是用户不用事先输入循环次数 n，缺点是用户需要一直输入“y”。

方法四：信号值循环控制法。

【解析】信号值又称哨兵，用于指示循环结束。本题求学生分数的平均值，哨兵可设为小于 0 的数，循环将一直到哨兵才结束。

```
sum = 0.0
count = 0
x = int(input("Enter a number (negative to quit) >> "))
while x >= 0:
    sum = sum + x
    count = count + 1
    x = input("Enter a number (negative to quit) >> ")
print（"\nThe average of the numbers is", sum / count）
```

输出结果如下：

```
Enter a number (negative to quit) >> 32
Enter a number (negative to quit) >> 45
Enter a number (negative to quit) >> 34
Enter a number (negative to quit) >> 76
Enter a number (negative to quit) >> 45
Enter a number (negative to quit) >> −1
The average of the numbers is 46.4
```

6.4 循环嵌套

本节介绍循环嵌套的基本形式，以及如何实现二重循环嵌套。

6.4.1 基本形式

一个循环体里面嵌入另一个循环，这种情况称为多重循环，又称循环嵌套。较常使用的是二重循环，一般应用于多个变量变化的情况。

循环语句 while 和 for 可以相互嵌套。在使用循环嵌套时，应注意以下几个问题：

1）外层循环和内层循环控制变量不能同名，以免造成混乱。

2）循环嵌套的缩进必须要注意，以保证逻辑关系上外层和内层的区分。

3）循环嵌套不能交叉，即在一个循环体内必须完整地包含另一个循环。

合法的嵌套形式如表 6-3 所示。

表 6-3 循环嵌套形式

while expression:
    for iterating_var in sequence:
        statements(s)
    statements(s)
	while expression:
	    while expression:
	        statements(s)
	    statements(s)

for iterating_var in sequence:
for iterating_var in sequence:
        statements(s)
    statements(s)
	for iterating_var in sequence:
	    while expression:
	        statements(s)
	    statements(s)

6.4.2 循环嵌套实现

二重循环的实现应确定外层循环和内层循环的含义，并确定内外层循环控制变量之间的关系。具体实现分为如下两个步骤。

步骤 1：确定其中一个循环控制变量为定值，实现单重循环。

步骤 2：将此循环控制变量从定值转变为变值，将单重循环转变为双重循环。

【例 6-9】 打印九九乘法表。

【解析】九九乘法表涉及乘数 *i* 和被乘数 *j* 两个变量，变化范围从 1 到 9。

步骤 1：先假设被乘数 *j* 的值不变，假设为 1，实现单重循环。

```
for i in range(1,10):
    j = 1
    print(i ,"*" ,j , "=" ,i * j ,"      ",end="")
```

程序运行结果如下所示。

```
1 * 1 = 1     2 * 1 = 2     3 * 1 = 3    4 * 1 = 4    5 * 1 = 5    6 * 1 = 6 7 * 1 = 7 8 * 1 = 8    9 * 1 = 9
```

步骤 2：将被乘数 *j* 的定值 1 改为变量，让其从 1 到 9 之间取值。

```
for i in range(1,10):
    for j in range(1,10):
        print('{0}*{1}={2:2}'.format(i,j ,i * j),end="    ")  #格式化输出
print()
```

程序运行结果如下所示。

```
1*1= 1   1*2= 2   1*3= 3   1*4= 4   1*5= 5   1*6= 6   1*7= 7   1*8= 8   1*9= 9
2*1= 2   2*2= 4   2*3= 6   2*4= 8   2*5=10   2*6=12   2*7=14   2*8=16   2*9=18
3*1= 3   3*2= 6   3*3= 9   3*4=12   3*5=15   3*6=18   3*7=21   3*8=24   3*9=27
4*1= 4   4*2= 8   4*3=12   4*4=16   4*5=20   4*6=24   4*7=28   4*8=32   4*9=36
5*1= 5   5*2=10   5*3=15   5*4=20   5*5=25   5*6=30   5*7=35   5*8=40   5*9=45
6*1= 6   6*2=12   6*3=18   6*4=24   6*5=30   6*6=36   6*7=42   6*8=48   6*9=54
7*1= 7   7*2=14   7*3=21   7*4=28   7*5=35   7*6=42   7*7=49   7*8=56   7*9=63
8*1= 8   8*2=16   8*3=24   8*4=32   8*5=40   8*6=48   8*7=56   8*8=64   8*9=72
9*1= 9   9*2=18   9*3=27   9*4=36   9*5=45   9*6=54   9*7=63   9*8=72   9*9=81
```

【例 6-10】 求 1！+2！+…+10！。

【解析】方法一和方法二如表 6-4 所示。

表 6-4　循环嵌套语法

方法一	方法二
一重循环	双重循环

n=0;s=0;t=1
for n in range(1,11):
    t*=n
    s+=t
print('sum is %d' %s)
	n=0;s=0
	for n in range(1,11):
	    t=1
	    for i in range(1,n+1):
	        t*=i
	    s+=t
	print('sum is %d' %s)

【例 6-11】 使用循环嵌套输出如下的星星图形。

【解析】输出一行五个星号。

```
for i in range(0, 5):
    print  ("*",end="")    #注意逗号
```

运行结果如图 6-3 所示。

```
*****
```

构造二重循环，输出三行，每行五个星号。

```
for i in range(0,3):
    for j in range(0, 5):
        print  ("*",end="")    #注意逗号
    print()
```

运行结果如图 6-4 所示。

```
  *
 ***
*****
```

图 6-3　输出图形

```
*****
*****
*****
```

图 6-4　输出图形

星号数和行数的关系如表 6-5 所示。

表 6-5　星号数和行数的关系表

i（行数）	*j*（星号数）
1	1
2	3
3	5

推出公式：$j=2*i-1$

```
for i in range(1,4):
    for j in range(0, 2*i-1):
            print  ("*",end="")    #注意逗号
    print()
```

```
*
***
*****
```

图 6-5　输出图形

运行结果如图 6-5 所示。

分析空格数、星号数和行数的关系，如表 6-6 所示。

表 6-6　空格数、星号数和行数的关系表

i（行数）	*k*（空格数）	*j*（星号数）
1	2	1
2	1	3
3	0	5

推出公式：$j=2*i-1$ 和 $k=3-i$

```
for i in range(1,4):
    for j in range(0, 3-i):
        print(" ",end="")
    for k in range(0,2*i-1):
        print("*",end="")
    print()
```

【例 6-12】 鸡兔同笼问题：鸡兔共有 30 只，脚共有 90 个，问鸡、兔各有多少只。

【解析】 设鸡为 x 只，兔为 y 只，根据题目要求，列出方程组为：

$$\begin{cases} x+y=30 \\ 2x+4y=9 \end{cases}$$

采用“试凑法”解决方程组的求解问题，将 x 和 y 变量的每一个值都带入方程中进行尝试。

方法 1：利用二重循环来实现。

```
for x in range(0,31):
    for y in range(0,31):
        if (x + y == 30 and 2 * x + 4 * y == 90):
            print（"Chicken is " ,x）
            print（"rabbit is " , y）
```

运行结果如下所示。

```
Chicken is    15
rabbit is    15
```

注意：采用二重循环，循环体执行了 31×31=961 次。

方法 2：利用一重循环来实现。

```
for x in range(0,31):
    y=30-x
    if 2 * x + 4 * y == 90:
        print（"Chicken is " ,x）
        print （"rabbit is " , y）
```

注意：采用一重循环，循环体执行了 31 次。

方法 3：假设鸡兔共有 a 只，脚共有 b 个，a 为 30，b 为 90。那么方程组为：

$$\begin{cases} x+y=a \\ 2x+4y=b \end{cases} \Longrightarrow \begin{cases} x=(4a-b)/2 \\ y=(b-2a)/2 \end{cases}$$

代码如下。

```
a = 30;b = 90
x= (4 * a - b) //2
y= (b - 2 * a) //2
print（"Chicken is " ,x）
print （"rabbit is " , y）
```

6.5 辅助语句

当需要在循环体中提前跳出循环，或者在某种条件满足时，不执行循环体中的某些语句而立即从头开始新的一轮循环，这时就要用到循环控制语句 break、continue 和 pass。

6.5.1 break 语句

break 语句可以提前退出循环，如图 6-6 所示。

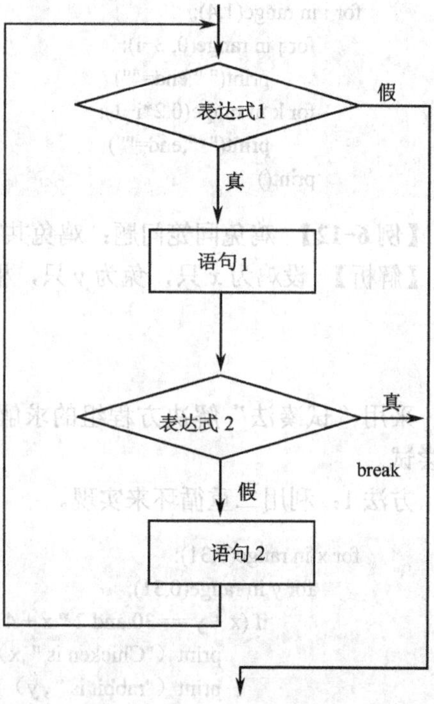

图 6-6　break 语句对循环控制的影响

说明：

1）break 语句只能出现在循环语句的循环体中。

2）在循环语句嵌套使用的情况下，break 语句只能跳出它所在的循环，而不能同时跳出多层循环。

【例 6-13】 用 for 语句判断从键盘上输入的整数是否为素数。

代码如下所示。

```
i=2
IsPrime= True
num = int(input("a number:"))
for i in range(2,num-1):
    if num % i == 0:
        IsPrime = False
        break
if IsPrime== True:
        print(num,"is prime")
else:
        print(num,"is not prime")
```

假设从键盘输入了 9，程序运行过程如表 6-7 所示。

表 6-7　程序运行过程

变量 i	表达式 num % i	布尔值 IsPrime
2	1	True
3	0	False

如果没有 break 语句，程序将按表 6-8 运行。

表 6-8　没有 break 语句的程序运行过程

变量 i	表达式 num % i	布尔值 IsPrime
2	1	True
3	0	False
4	1	False
5	4	False
6	3	False
7	2	False
8	1	False

6.5.2　continue 语句

continue 语句用于跳过当前循环，直接开始下一次循环，即只结束本次循环的执行，并不终止整个循环的执行。

说明：

1）continue 语句只能出现在循环语句的循环体中。

2）continue 语句往往与 if 语句联用。

3）若执行 while 语句中的 continue 语句，则跳过循环体中 continue 语句后面的语句，直接转去判别下次循环控制条件；若 continue 语句出现在 for 语句中，则执行 continue 语句就是跳过循环体中 continue 语句后面的语句，转而执行 for 语句的表达式 3。

continue 语句对循环控制的影响如图 6-7 所示。

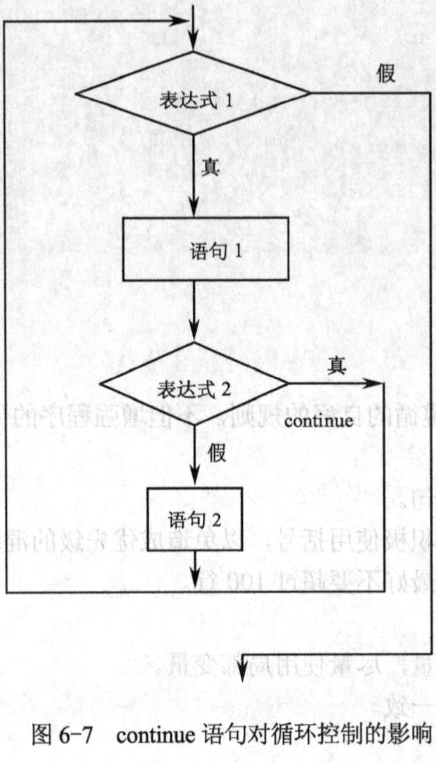

图 6-7　continue 语句对循环控制的影响

【例 6-14】 求 200 以内能被 17 整除的所有正整数。

```
print("Less than 200 numbers is divisible by 17:")
for i in range(1, 201, 1):
    if i%17!= 0:
        continue
    print(i," ",end="")
```

程序运行结果如下所示。

```
Less than 200 numbers is divisible by 17:
17   34   51   68   85   102   119   136   153   170   187
```

6.5.3 pass 语句

当某个子句不需任何操作，可使用 pass 语句保持程序结构的完整性。

【例 6-15】 pass 举例。

```
for letter in 'Python':
    if letter == 'h':
        pass
        print('This is pass block')
    print('Current Letter :', letter)
print("Good bye!")
```

程序运行结果如下所示。

```
Current Letter : P
Current Letter : y
Current Letter : t
This is pass block
Current Letter : h
Current Letter : o
Current Letter : n
Good bye!
```

6.6 编程规范

编程规范是指编程人员遵循的良好的规则，不但增强程序的代码可读性，方便调试，并能降低团队的协作成本。

1）在一行内只写一条语句。

2）稍复杂的表达式中要积极使用括号，以免造成优先级的混乱以及二义性。

3）单个函数的程序行数最好不要超过 100 行。

4）尽量使用系统函数。

5）不要随意定义全局变量，尽量使用局部变量。

6）保持注释与代码完全一致。

7）循环、分支层次最好不要超过 5 层。

8）尽量减少使用“否定”条件语句，条件语句应简单；如果复杂，可以将其运算事先放到变量中。

9）注意冒号和缩进。

10）每一个“if 语句”必须包含一个 else。

11）“if 语句”的嵌套不要超过 2 层，尽量保持只有 1 层。

12）将“if 语句”当作段落来对待，其中的每一个 if，elif，else 组合就跟一个段落的句子组合一样。在这种组合的最前面和最后面留一个空行以作区分。

13）在 Python 中没有 do..while 循环。

14）尽量少用 while-loop，大部分时候 for-loop 是更好的选择。

15）不要滥用 break 和 continue 语句。break 和 continue 会造成代码执行逻辑分叉过多，容易出错。大多数循环并不需要用到 break 和 continue 语句，往往可以通过改写循环条件或者修改循环逻辑来去掉 break 和 continue 语句。

6.7 习题

1．从键盘输入若干整数，求所有输入的正数的和，遇到负数以后便结束该操作。

2．从键盘上输入 n 的值，计算 s=1+1/2+⋯+1/n!。

3．求 200 以内能够被 13 整除的最大的整数，并输出。

4．求 1～100 间所有偶数的和。

5．猴子吃桃问题。猴子第一天摘下若干个桃子，当即吃了一半，还不过瘾，又多吃了一个。第二天早上又将剩下的桃子吃掉一半，又多吃了一个。以后每天早上都吃了前一天剩下的一半零一个。到第 10 天早上想吃时，只剩下一个桃子了。求第一天共摘多少个桃子。

6．有 1、2、3、4 四个数字，能组成多少个互不相同且无重复数字的三位数？输出所有结果，每行输出 10 个。

7．采用简单选择排序法对 list=[2,6,7,3,9,1,4,7,90,34]进行升序排列。

8．采用 while 语句实现判断输入的数字是否是素数。

第 7 章　函数与模块

复杂的问题通常采用“分而治之”的方法解决，把大任务分解为多个小的任务，通过解决每个小的容易的子任务，从而解决较大的复杂的任务。本章首先讲述函数概念、函数的定义和调用，讲述了四种参数，参数传递的两种方式。最后，讲述了变量作用域以及模块等相关知识。

7.1　函数概述

初等数学中，函数形如 $y=f(x)$，其中 $f()$称之为对应法则，x 称为自变量，y 称为因变量。例如，正弦函数 sin(x)等。在 Python 中，$y=f(x)$被重新命名，$f()$称为函数，x 称为参数，y 为函数的值。

函数是实现特定功能的语句集合，可以重复调用，函数一个较为形象的比喻为：函数如同手机。当用手机联系朋友时，不会去思考手机内部是由二极管组成还是由集成电路组成，手机是如何运行工作的。只要给出不同的电话号码，手机就能联系到所需的人。在这里，不同的电话号码如同函数的参数，联系人如同函数的值。函数具有如下好处：

1）程序结构清晰，可读性好。

2）减少重复编码的工作量。

3）可多人共同编制一个大程序，以缩短程序设计周期，提高程序设计和调试的效率。

函数分为系统函数和用户自定义函数两类。

1．系统函数

系统函数又称为 Python 内部函数，由 VB 系统提供。例如，Sqr t(25)，读者不用考虑 Sqr()函数是如何求得 25 的平方根，只要调用 Sqr()函数就可以，只需“拿来用”。

2．用户自定义函数

如果需要实现一个 Python 没有提供函数，该如何去做？Python 提供了用户自己定义的函数，简称用户自定义函数。

7.2　函数定义与调用

本节介绍 Python 函数的定义和调用。

7.2.1　函数定义

在 Python 中，函数定义语法格式为：

```
def <函数名>([<形参列表>]):
    [<函数体>]
```

说明：

- 函数使用关键字 def（define 的缩写）声明，函数名为有效的标识符和圆括号 ()。
- 任何传入参数和自变量必须放在圆括号中间，圆括号之间可以用于定义参数。
- 函数内容以冒号起始，并且缩进。
- 函数名下的每条语句前都要用〈TAB〉键缩进，没有缩进的第一行则被视为在函数体之外的语句，与函数同级的程序语句。
- return [表达式] 结束函数，选择性地返回一个值给调用方。不带表达式的 return 相当于返回 None。

【例 7-1】 函数定义举例。

```
>>> def hello():
...     print("Hello World!")
...
>>> hello()
Hello World!
```

【解析】hello 是函数的名称，后面的括号里是参数，这里没有，表示不需要参数。但括号和后面的冒号都不能少。

7.2.2 函数调用

【例 7-2】 设计海伦公式函数，求三角形面积。

```
import math
def triarea(x,y,z):
        s = (x + y + z)/ 2
        print(math.sqrt((s - x) * (s - y) * (s - z) * s) )
```

程序运行，输入 triarea(3,4,5)，结果如下所示。

```
6.0
```

【解析】

triarea(3,4,5) 调用 triarea(*x*,*y*,*z*)，程序执行步骤如图 7-1 所示。

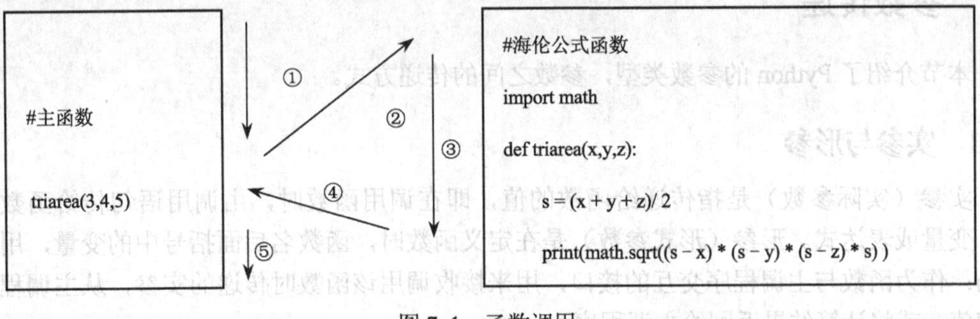

图 7-1 函数调用

函数调用步骤如下。

步骤 1：运行主函数，如图 7-1 的①箭头所示，当运行到 triarea(3,4,5)语句时，主函数中断，Python 寻找同名的 triarea()函数。如果没有找到，Python 提示语法错误。

步骤 2：找到同名函数，进行函数调用，实现将实参的值传递给形参，如图 7-1 的②箭头。

triarea(3,4,5) 中 3,4,5 是实参的取值。

triarea(x , y, z) 中 *x,y,z* 是形参。

在实参和形参的结合时，必须遵循以下三条规则：

1）实参和形参个数相等。

2）实参和形参的数据类型依次相等。

3）实参给形参依次传递，实参和形参传递如表 7-1 所示。

步骤 3：执行海伦公式函数，如图 7-1 的③箭头。

步骤 4：海伦公式函数执行结束，程序返回到主函数的中断处，如图 7-1 的④箭头。

表 7-1 实参和形参传递的三条规则

三条规则	实参（3,4,5）	形参（x,y,z）	运行结果
参数个数	3 个	3 个	个数相等
参数类型	3 为整型 4 为整型 5 为整型	*x* 为整型 *y* 为整型 *z* 为整型	依次类型相同
依次传递			*x* 得到 3，*y* 得到 4，*z* 得到 5

【例 7-3】 求圆的面积的函数。

```
def area_of_circle(x):
    s = 3.14 * x * x
    return(s)                        #return 从 area_of_circle() 函数返回值
```

程序运行如下所示。

```
输入 area_of_circle(3)
28.259999999999998
输入 area_of_circle(4)
50.24
```

7.3 参数传递

本节介绍了 Python 的参数类型，参数之间的传递方式。

7.3.1 实参与形参

实参（实际参数）是指传递给函数的值，即在调用函数时，由调用语句传给函数的常量、变量或表达式。形参（形式参数）是在定义函数时，函数名后面括号中的变量，用逗号分隔；作为函数与主调程序交互的接口，用来接收调用该函数时传递的实参，从主调程序获得初值，或将计算结果返回给主调程序。

形参和实参具有以下特点：

1）函数在被调用前，形参只是代表了执行该函数所需要参数的个数、类型和位置，并没有具体的数值。形参只能是变量，不能是常量、表达式。只有当调用时，主调函数将实参的值传递给形参，形参才具有值。

2）形参只有在被调用时才分配内存单元，调用结束后释放内存单元。因此形参只在函数内部有效，函数调用结束返回主调用函数后则不能再使用该形参变量。

3）实参可以是常量、变量、表达式、函数等，无论实参是何种数据类型的变量，函数调用时必须是确定的值，以便把这些值传送给形参。

4）实参和形参在数量、类型、顺序方面应严格一致，否则会发生类型不匹配错误。

7.3.2 传对象引用

Python 的参数传递既不是传值（pass-by-value），也不是传引用(pass-by-reference)，而是对象的引用（pass-by-object-reference），即传递的是一个对象的内存地址。实际上，这种方式相当于传值和传址的一种综合。如果函数收到的是一个可变对象（比如字典或者列表）的引用，就能修改对象的原始值——相当于通过“传引用”来传递对象。如果函数收到的是一个不可变对象（比如数字、字符或者元组）的引用，就不能直接修改原始对象——相当于通过“传值”来传递对象。

【例 7-4】 举例：

```
import sys
a=2
b=[1,2,3]
def change(x,y):
    x=3
    y[0]=4
change(a,b)
print(a,b)
```

程序运行如下所示。

```
2 [4, 2, 3]
```

【解析】数字作为一个不可变对象，a 的值没有变化；而 b 作为列表对象，是可变对象，所以 b 被改变了。

【例 7-5】 举例：

```
import sys
a="11111"
b={"a":1,"b":2,"c":3}
def change(x,y):
    x="222"
    y["a"]=4
change(a,b)
print(a,b)
```

程序运行如下所示。

```
11111 {'a': 4, 'c': 3, 'b': 2}
```

【解析】a 作为字符串是不可变对象，所以没变化；b 作为字典是可变对象，所以被改变了。

7.4 参数分类

Python 的参数分为必备参数、默认参数、关键参数和不定长参数等。

7.4.1 必备参数

必备参数是指调用函数时，参数的个数，参数的数据类型，以及参数的输入顺序必须正确，否则会出现语法错误。

【例 7-6】 必备参数举例。

```
def printme(str):
    print(str)
return;
```

程序运行，调用 printme()，如下所示。

```
>>> printme()
Traceback (most recent call last):
  File "<stdin>", line 1, in <module>
TypeError: printme() missing 1 required positional argument: 'str'
```

7.4.2 默认参数

默认参数是指允许函数参数有缺省值，如果调用函数时不给参数传值，参数将获得缺省值。Python 通过在函数定义的形参名后加上赋值运算符（=）和默认值，给形参指定默认参数值。注意：默认参数值是一个不可变的参数。

【例 7-7】 使用默认参数值。

```
def say(message, times = 1):
    print message * times
#调用函数
say('Hello')    #默认参数 times 为 1
say('World', 5)
```

输出

```
Hello
WorldWorldWorldWorldWorld
```

7.4.3 关键参数

函数的多个参数值一般默认从左到右依次传入。但是，Python 也提供了灵活的传参顺序，引入了关键参数用于改变赋值顺序，关键参数又称命名参数，可以以任意顺序指定参数。

【例 7-8】 使用关键参数。

```
def func(a, b=5, c=10):
  print('a is', a, 'and b is', b, 'and c is', c)
#调用函数
func(3, 7)
```

```
func(25, c=24)
func(c=50, a=100)
```

输出

```
a is 3 and b is 7 and c is 10
a is 25 and b is 5 and c is 24
a is 100 and b is 5 and c is 50
```

7.4.4 不定长参数

不定长参数又称可变长参数，当参数以一个*号开头，代表着一个任意长度的元组，可以接收连续一串参数；当参数以两个*号开头，代表着一个字典，参数的形式是“key=value”，接受连续任意多个参数。

【例 7-9】 可变长参数举例。

```
def foo(x,*y,**z):
    print(x)
    print(y)
    print(z)
```

程序运行后，分别有如下三种执行效果：

（1）输入 foo(1)

程序运行结果如下所示。

```
1
()
{}
```

（2）输入 foo(1,2,3,4)

程序运行结果如下所示。

```
1
(2, 3, 4)
{}
```

（3）输入 foo(1,2,3,a="a",b="b")

输出结果如下所示。

```
1
(2, 3)
{'a': 'a', 'b': 'b'}
```

7.5 两类特殊函数

本节介绍匿名函数和递归函数两种较为特殊的函数。

7.5.1 匿名函数

匿名函数是指不使用 def 语句定义函数，而是通过 lambda 来创建。lambda 只是一个表达式，而不是一个代码块，比 def 简单很多。

lambda 函数的形式如下：

```
lambda [arg1 [,arg2,.....,argn]]:expression
```

【例 7-10】 lambda 函数举例。

```
sum = lambda arg1, arg2: arg1 + arg2;

# 调用 sum 函数
print ("相加后的值为 : ", sum( 10, 20 ))
print ("相加后的值为 : ", sum( 20, 20 ))
```

输出结果如下所示。

```
相加后的值为 :  30
相加后的值为 :  40
```

7.5.2 递归函数

【例 7-11】 计算 4 的阶乘。

【解析】方法一：通过循环语句来计算阶乘，其前提是了解阶乘的计算过程，并可用语句把计算过程模拟出来。方法二通过递推关系将原来问题缩小成一个规模更小的同类问题，将 4 的阶乘问题转化为 3 的阶乘问题，只需找到 4 的阶乘和 3 的阶乘之间的递推关系，依次类推，直到在某一规模上（当 *n* 为 1 时）问题的解已知，其后，回归即可。这种解决问题的思想称为递归。两种方法如表 7-2 所示。

表 7-2 计算阶乘

方法一	方法二
循环	递归

s = 1
for i in range(1,5):
    s = s * i
print(s)
	def fac(n):
	    if n==1:
	        return 1
	    return n * fac(n - 1)

方法二：求解 fac(4)的递归过程如图 7-2 所示。

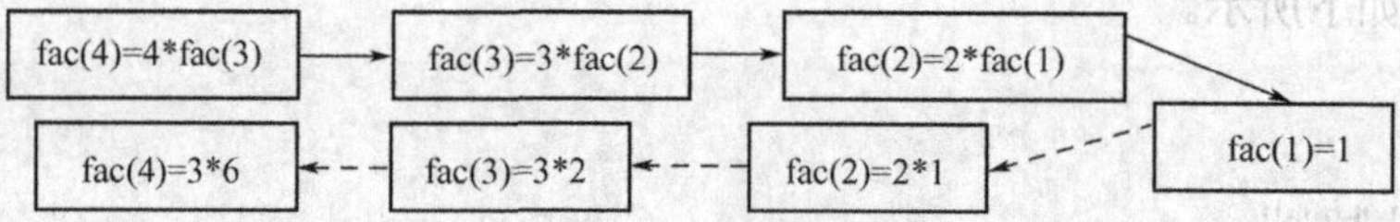

图 7-2 fac(n)=n!递归求解图

递归调用的过程类似于多个函数的嵌套调用，只不过这时的调用函数和被调用函数是同一个函数，即在同一个函数进行嵌套调用，作为多重嵌套调用的一种特殊情况，函数之间的信息传递和控制转移必须通过“栈”来实现，用于保护主调层的现场和返回地址，按照“后调用先返回”的原则，即每当函数调用时，就为它在栈顶分配一个存储区；每当退出函数时，就释放该存储区，则当前正运行的函数的数据区必须在栈顶。

下面以 fac（4!）来分析其如何在内存中进行数据的入栈与出栈两个阶段。

第一阶段：递推阶段（入栈）。

1）初始调用 fac（4!）会在栈中产生第一个活跃记录，输入参数 n=4，输出参数 n=3，如图 7-3 第 1 步所示。

2）由于 fac（4!）调用没有满足函数的终止条件，因此 fac 将继续以 n=3 为参数递归调用，在栈上创建另一个活跃记录，n=3 成为第一个活跃期中的输出参数，同时又是第二个活跃期中的输入参数，这是因为在第一个活跃期内调用 fac 产生了第二个活跃期，如图 7-3 第 2 步所示。

3）如此类推，这个入栈过程将一直继续，直到 n 的值变为 1，此时满足终止条件，fac 将返回 1，如图 7-3 第 3、4 步所示。

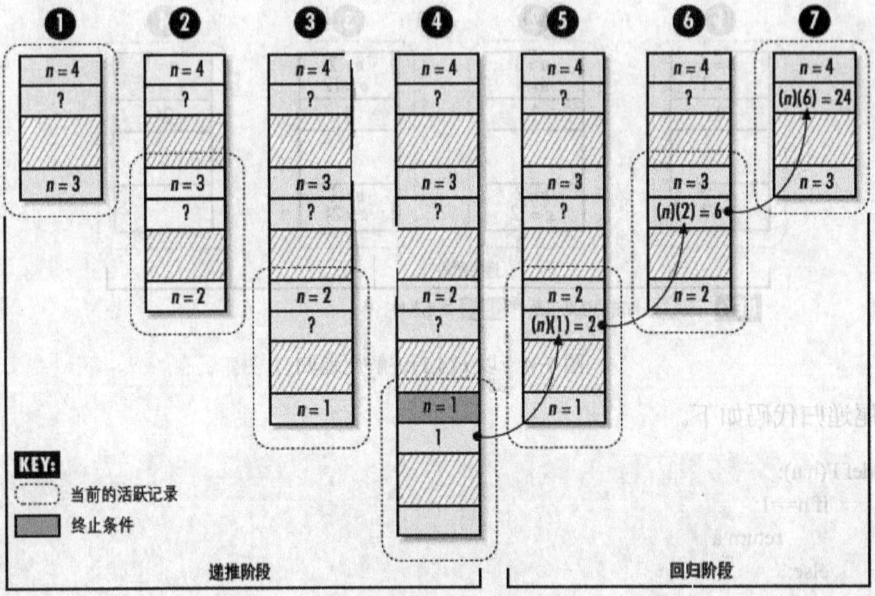

图 7-3 以 fac(4!)讲解基本递归

第二阶段：回归阶段（出栈）。

1）当 n=1 时的活跃期结束，n=2 时的递归计算结果就是 2×1=2，因而 n=2 时的活跃期也将结束，返回值为 2，如图 7-3 第 5 步所示。

2）如此反复，n=3 的递归计算结果表示为 3×2=6，因此 n=3 时的活跃期结束，返回值为 6，如图 7-3 第 6 步所示。

3）最终，当 n=4 时的递归计算结果将表示为 6×4=24，n=4 时的活跃期将结束，返回值为 24，如图 7-3 第 7 步所示，递归过程结束。

递归调用的另一种形式是尾递归。尾递归是指函数中所有递归形式的调用都出现在函数的末尾，即当递归调用是整个函数体中最后执行的语句且它的返回值不属于表达式的一部分时，这个递归调用就是尾递归。由于尾递归是函数的最后一条语句，则当该语句执行结束从下一层返回至本层后立刻又返回至上一层，因此在进入下一层递归时，不需要继续保存本层所有的实在参数和局部变量，即不作入栈操作而是将栈顶活动记录中的所有实在参数更改为下一层的实在参数，从而不需要进行任何其他操作而是连续出栈。

计算 $n!$的尾递归函数如下所示。

$$F(n,a)=\begin{cases}a & n=1\\ F(n-1,na) & n>1\end{cases}$$

尾递归的函数为 $F(n,a)$，与基本递归 fac(n)相比多了第二个参数 a，a 用于维护递归层次的深度，初始值为 1，从而避免每次需要将返回值再乘以 n。尾递归是在每次递归调用中，令 $a=na$ 并且 $n=n-1$，持续递归调用，直到满足结束条件 $n=1$，返回 a 即可。

尾递归计算 4!的过程如图 7-4 所示。$F(4,1)$的递归过程如下：

$F(4,1)=F(3,4\times1)\rightarrow F(2,3\times4\times1)\rightarrow F(1,2\times3\times4\times1)$

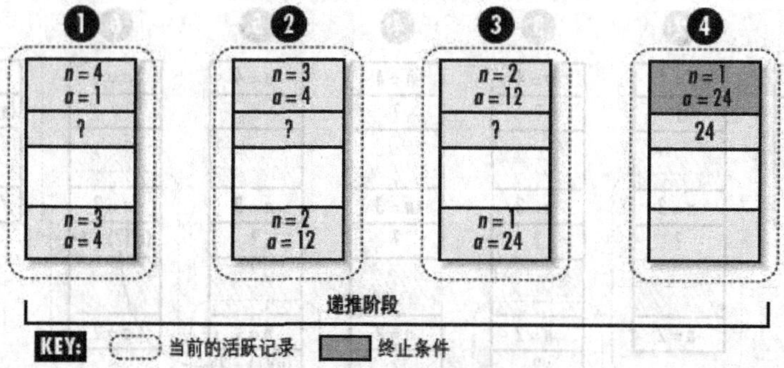

图 7-4　以 $F(4,1)$讲解尾递归

$n!$的尾递归代码如下。

```
def F(n,a):
    if n==1:
        return a
    else:
        return F(n - 1, n * a)
#调用 F(n,a)函数
print(F(4,1))
```

【例 7-12】 汉诺塔问题。

汉诺塔（又称河内塔）问题是递归函数的经典应用，传说大梵天做了三根金刚石柱子，在一根柱子上从下往上按照大小顺序摞着 64 片黄金圆盘。大梵天命令婆罗门把圆盘从下面开始按大小顺序重新摆放在另一根柱子上。并且规定，在小圆盘上不能放大圆盘，在三根柱子之间一次只能移动一个圆盘。

【解析】 汉诺塔如图 7-5 所示。

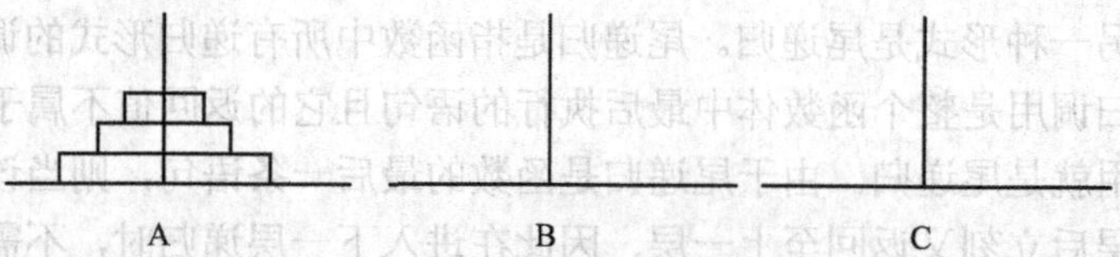

图 7-5　汉诺塔问题

对于汉诺塔问题的求解，可以通过以下 3 步实现：

1）将塔 A 上的 *n*-1 个盘子借助 C 塔先移动到 B 塔上。

2）把塔 A 上剩下的一个盘子移动到塔 C 上。

3）将 *n* - 1 个盘子从 B 塔借助塔 A 移动到塔 C 上。

很显然，这是一个递归求解的过程，假设碟子数 *n*=3 时，汉诺塔问题的求解过程如图 7-6 所示。

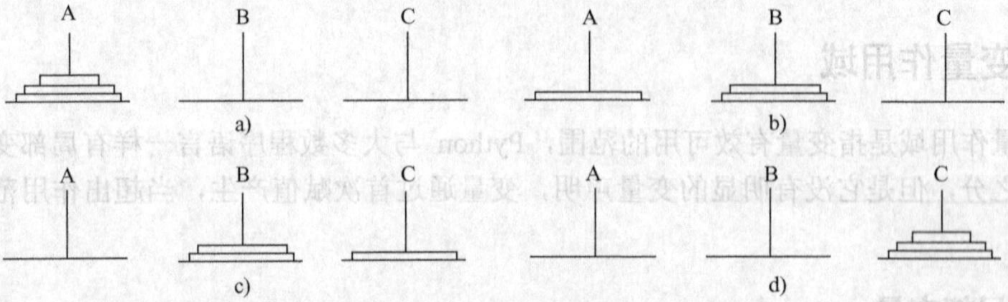

图 7-6　汉诺塔问题

汉诺塔代码如下所示。

```
i = 1
def move(n, mfrom, mto) :
    global i
    print("第%d 步:将%d 号盘子从%s -> %s" %(i, n, mfrom, mto))
    i += 1

def hanoi(n, A, B, C) :
    if n == 1 :
        move(1, A, C)          #表示只有一个盘子时，直接从 A 塔移动到 C 塔
    else :
        hanoi(n - 1, A, C, B)  #将剩下的 A 塔上的 n-1 个盘子借助 C 塔移动到 B 塔
        move(n, A, C)          #将 A 上最后一个直接移动到 C 塔上
        hanoi(n - 1, B, A, C)  #将 B 塔上的 n-1 个盘子借助 A 塔移动到 C 塔

#调用 hanoi 函数
try :
    n = int(input("please input a integer :"))
    print("移动步骤如下：")
    hanoi(n, 'A', 'B', 'C')
except ValueError:
    print("please input a integer n(n > 0)!" )
```

程序运行结果如下所示。

```
please input a integer :3
```

移动步骤如下：

第 1 步：将 1 号盘子从 A→C

第 2 步：将 2 号盘子从 A→B

第 3 步：将 1 号盘子从 C→B

第 4 步：将 3 号盘子从 A→C

第 5 步：将 1 号盘子从 B→A

第 6 步：将 2 号盘子从 B→C

第 7 步：将 1 号盘子从 A→C

7.6 变量作用域

变量作用域是指变量有效可用的范围，Python 与大多数程序语言一样有局部变量和全局变量之分，但是它没有明显的变量声明，变量通过首次赋值产生，当超出作用范围时自动消亡。

7.6.1 局部变量

局部变量是指定义在函数体内的变量，只能被本函数使用，与函数外具有相同名称的其他变量没有任何关系。

【例 7-13】 局部变量举例。

```
def func(x):
        print('x is', x)
        x=2
        print('changed local x to', x)
#主程序
x=50 #局部变量
func(x)
print('x is still', x)
```

输出结果如下所示。

```
x is 50
changed local x to 2
x is still 50
```

【解析】

步骤 1：主函数中，给 *x* 赋值为 50。

步骤 2：Func 函数里，*x* 是函数的局部变量，给 *x* 赋值为 2。

步骤 3：返回主函数，最后一个 print 语句 *x* 的值确实没有受到 func 函数里对 *x* 值的改变，说明主函数中 *x* 不受影响。

7.6.2 全局变量

全局变量是指定义在函数体外的变量，也称为公用变量，可在其他模块和函数中使用，全局变量声明使用关键字 global。

【例 7-14】 全局变量举例。

```
def func():
    global x
    print('x is', x)
    x = 2
    print('Changed global x to', x)
#主函数
x = 50
func()
print('Value of x is', x)
```

输出结果如下所示。

```
x is 50
Changed global x to 2
Value of x is 2
```

【解析】

global 语句被用来声明 *x* 是全局变量，在 func 函数内改变 *x* 的值为 2 时，这个变化也反映在主函数中 *x* 的值。

7.7 模块

本节介绍 Python 的命名规则和模块的定义与导入。

7.7.1 命名空间

Python 中的所有代码都与一个命名空间关联。所谓的命名空间可以理解为一个容器，容器内装载许多标识符，不同容器中同名的标识符不会相互冲突。

Python 的命名空间具有三条规则：

- 赋值产生标识符，赋值的地点决定标识符所处的命名空间。
- 函数定义产生新的命名空间。
- Python 搜索一个标识符按照四层命名空间的顺序，即“LEGB”。

1）L（local），表示在一个函数定义中，而且在这个函数里面没有再包含函数的定义。

2）E（enclosing function），表示在一个函数定义中，但这个函数里面还包含有函数的定义，L 层和 E 层相对而言。

3）G（global），是指一个模块的命名空间，也就是说在一个.py 文件中定义的标识符，但不在一个函数中。

4）B（builtin），Python 解释器启动时会自动载入__builtin__模块，这个模块中的列表、字符串等内置函数就处于 B 层的命名空间。

7.7.2 模块定义与导入

模块是最高级别的程序组织单元，将程序代码和数据封装起来以便重用。模块比函数粒度更大，一个模块可以包含若干个函数。与函数相似，模块也分系统模块和用户自定义模块，系统模块就是各种 Python 库，例如数据模块 Math 等，用户自定义模块就是一个.py 文件。

在 Python 中用 import 或者 from...import 来导入相应的模块，有如下方法。

方法 1：将整个模块(module)导入，格式为： import module

方法 2：从某个模块中导入某个函数，格式为： from module import function

方法 3：将某个模块中的全部函数导入，格式为： from module import *

【例 7-15】 模块导入。

```
# numbers.py
def divide(a, b):
        q = a/b
        r = a - q*b
        return q, r   #q 为商，r 为余数

#主函数
import numbers
x, y = numbers.divide(11,8)
print("%d"%x,"%d"%y,"商%d"%q,"余数%d"%r)
```

输出结果如下所示。

```
11 8 商 1 余数 3
```

注意：numbers.py 模块必须与 main.py 放置在同一个目录下。

7.8 习题

1．验证哥德巴赫猜想：一个不小于 6 的偶数可以表示为两个素数之和。

2．创建函数 swap（a,b），功能如下：比较 a 和 b 两个数的大小，若是 a 小于 b，则交换两个数的位置。

3．输入一个年份，判断是否为闰年。

4．若将某素数的各位数字顺序颠倒后得到的数仍是素数，则此数为可逆素数。求出 100 以内的可逆素数。

5．设计递归函数，将输入的 5 个字符，以相反顺序打印出来。

6．设计递归函数，打印 100 以内的奇数。

7．设计函数实现将（1,2,3,−5,−4,5,9,−8,−1）中所有负数都排列到正数的左边。

8．设计递归函数，求最大公约数。

第 8 章 面向对象程序设计基础

本章讲述了面向对象编程（Object-Oriented Programming，缩写OOP）的基本概念，面向对象程序设计与面向过程程序设计的对比，面向对象的三大特性：封装性、继承性和多态性，介绍了 Python 语言如何实现面向对象的类和对象、类属性和实例属性、对象方法、类方法和静态方法、构造函数和析构函数、继承性、多态性等。

8.1 面向对象概述

本节介绍面向对象程序设计的相关基本概念，面向对象与面向过程的区别，以及面向对象的封装性、继承性和多态性三大特性。

8.1.1 基本概念

Python 作为完全面向对象的程序设计语言，把现实世界的实体映射成计算机世界中的对象，现实世界中的实体抽象为概念世界中的抽象数据类，概念世界中的抽象数据类映射为计算机世界中的类。在计算机世界中，类是对象的抽象，而对象是类的实例化。现实世界、概念世界与计算机世界中，类与对象的映射关系如图 8-1 所示。

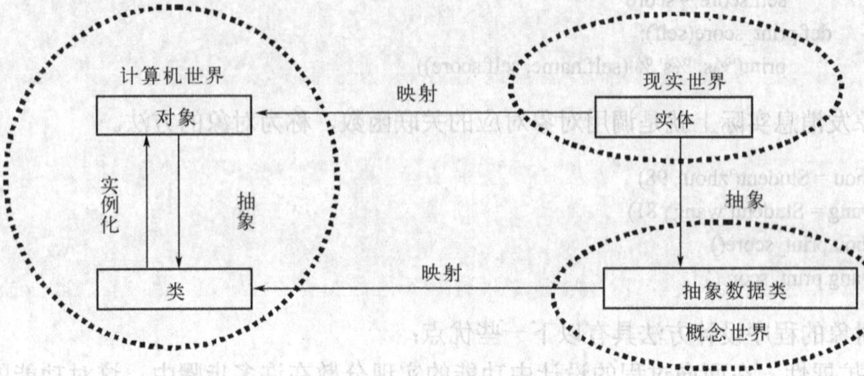

图 8-1 三个世界的映射关系

不同类的对象具有不同的属性、方法及其能够响应的事件。以人为例分析类和对象。人类是所有人的抽象，它不是一个具体的人，只是概念上的人，例如北京猿人、陕西人等。将类实例化为对象，如张三、男、1984 年 9 月出生、身高 180cm、体重 78 公斤，张三就是一个具体的对象，具有姓名、性别、出生日期、身高、体重等属性；张三具有思考、学习 Python 等行为；张三对于奖励或惩罚等外部事件会做出不同的反应，如高兴、悲伤等。

8.1.2 与面向过程对比

面向过程程序设计（Procedure-Oriented Programming，OPP）认为程序是一系列命令的集合，通过函数之间的相互调用执行功能。

面向对象程序设计（Object-Oriented Programming，OOP）认为程序是一组对象的集合，每个对象接收来自其他对象发来的消息，程序的执行就是消息在各个对象之间传递被处理的过程。面向对象是通过模拟人认识世界的思维方法，将具有相同属性和方法的数据抽象为“类”，通过将“类”实例化为“对象”，调用“类”的方法解决问题。

【例 8-1】 采用 OPP 和 OOP 方法输出学生成绩。

为了表示一个学生的成绩，面向过程的程序可以用一个 dict 表示：

```
std1 = { 'name': zhou, 'score': 98 }
std2 = { 'name': 'wang', 'score': 81 }
```

打印学生的成绩通过函数实现，如下所示。

```
def   print_score(std):
      print('%s: %s' % (std['name'], std['score']))
```

面向过程的程序设计思想是思考程序的执行流程，而面向对象的程序设计思想是将 Student 视为拥有 name 和 score 两个属性的对象，通过向 Student 对象发出 print_score 消息，实现数据的输出，如下所示。

```
class Student(object):
    def __init__(self, name, score):
        self.name = name
        self.score = score
    def print_score(self):
        print('%s: %s' % (self.name, self.score))
```

给对象发消息实际上就是调用对象对应的关联函数，称为对象的方法。

```
zhou = Student('zhou', 98)
wang = Student('wang', 81)
zhou.print_score()
wang.print_score()
```

面向对象的程序设计方法具有以下一些优点：

1）可扩展性。在面向过程的设计中功能的实现分散在许多步骤中，这对功能的扩展极为不利。而在面向对象的设计中，功能依靠方法来实现，需要新功能时只需要创建新的方法即可。

2）分工明确。面向对象的设计中将所有问题划分成对象，程序功能依靠方法来实现，具有明确的分工。当因对象发生变化需要修改程序时，通过局部改动就可以完成，保证了程序具有较好的可移植性。

8.1.3 三大特性

面向对象具有封装性、继承性和多态性三大特性，下面依次进行介绍。

1．封装性

封装可以使类具有独立性和隔离性；保证类的高内聚，对内部细节的隐藏具有保护能力，只暴露给类外部或者子类必须的属性和操作，从而不但防止外部程序破坏类的内部数据，而且同时便于程序的维护和修改。例如，对于不同的教师，无论是王燕还是李梅，都拥有姓名、性别、年龄、职称和教龄等属性，也都拥有讲课、批改作业等行为。从王燕、李梅等具体教师对象抽象封装成教师类，反映与教师职业有关的重要性质，而忽略其他一些无关内容。

2．继承性

继承是一种连接类与类的层次模型，利用现有类派生出新类的过程称为继承。新类拥有原有类的特性，又增加了自身新的特性。例如，在动物物种管理系统中，基类“动物”可以派生出许多更加特殊的动物类，如脊椎动物、爬行动物、哺乳动物等，它们在拥有基类所有属性和操作的基础上还有其各自的属性和操作，如脊椎动物具有脊椎、爬行动物能够爬行、哺乳动物通过哺乳养育下一代等。继承性简化类和对象的创建工作量，增强代码的可重用性。

对于一个派生类，如果只有一个基类，称为单继承。如果同时有多个基类，称为多重继承。单继承可以看成是多重继承的一个最简单特例，而多重继承可以看成是多个单继承的组合。图 8-2a 是单继承，运输汽车类和专用汽车类就是从汽车类中派生而来；图 8-2b 则是多重继承，孩子类从母亲类和父亲类两个类综合派生而来。

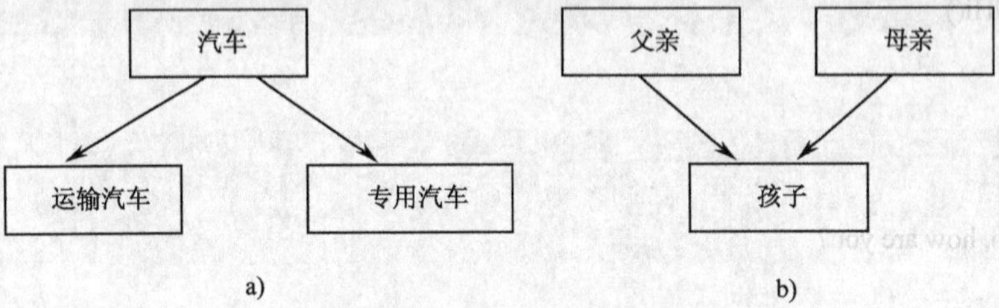

图 8-2　单继承与多重继承

a) 单继承　b) 多重继承

3．多态性

多态性（Polymorphism）一词来源于希腊语，“poly”表示多的意思，“morphos”表示形态的意思，“Polymorphism”是指同一种事物具有多种形态。在自然语言中，多态性是“一词多义”，是指相同的动词作用到不同类型的对象上。例如，驾驶摩托车、驾驶汽车、驾驶飞机、驾驶轮船、驾驶火车等这些行为都具有相同的动作——“驾驶”，但它们各自作用的对象不同，其具体的驾驶动作也不同，但却都表达了同样的一种含义——驾驶交通工具。

多态性是指两个或多个对象对于同一消息做出不同响应的方式。多态性增加了程序的灵活性和可扩展性，使得程序可以以不变应万变，不论对象千变万化，使用者都是同一种形式去调用，从而为软件开发和维护提供了极大的方便。

8.2　类和对象

Python 使用 class 关键字构造类，并在类中定义属性和方法。通常认为类是对象的模板，对象是类创建出来的产品，对象是类的实例。

声明类的语法格式如下：

```
class 类名:
    属性定义  #变量定义
    方法定义  #函数定义
```

说明如下所示。

1）定义类的关键字为“Class…”，类名通常是第一个字母大写。

2）对象的定义通过使用类名后跟一对圆括号来创建，类名+()。

3）类具有属性和方法。

【例 8-2】 Python 中的类和对象。

```
class Person:                    #声明 class 类
        name="zhou"              #类属性
        age= 25                  #公有类属性
        def sayHi(self):         #sayHi 方法
            print('Hello, how are you?')
print(Person.name)
print(Person.age)                #类属性，直接通过类名引用
p = Person()                     #创建对象 p
p.sayHi()
```

输出：

```
zhou
25
Hello, how are you?
```

8.3 类属性与实例属性

Python 的属性有两种，一种是实例属性，另一种是类属性。

8.3.1 实例属性

实例属性作为实例对象的属性，只为单独的特定的对象所拥有。一般有两种方式定义。方式一：实例属性不在类中，而在类外显示定义。方式二：实例属性在类中的构造函数__init__中定义，定义时以 self 作为前缀。

【例 8-3】 实例属性举例。

```
class People:
    name = 'jack'        #类属性 name

p = People()
p.age =12                #实例属性 age 在类 People 之外定义
print(p.name)            #正确
print(p.age)             #正确
```

```
print(People.name)          #正确
print(People.age)           #错误
```

【解析】程序运行，会给出“AttributeError: type object 'People' has no attribute 'age'”的错误，这是由于类 People 只有类属性 name，声明实例对象 p，age 作为对象 p 的实例属性，没有在类中显示定义。实例属性 age 是实例对象 p 所特有，类 People 并不拥有它，不能通过类来访问。

【例 8-4】 实例属性举例。

```
class People:
    name = 'jack'
    #__init__()是内置的构造方法，在实例化对象时自动调用
    def __init__(self,age):
        self.age = age

p = People(12)
print(p.name)               #正确
print(p.age)                #正确
print(People.name)          #正确
print(People.age)           #错误
```

【解析】类 People 只有类属性 name，声明实例对象 p，age 作为对象 p 的实例属性，在构造函数__init__中定义，定义时以 self 作为前缀。

8.3.2 类属性

类属性是在类中方法之外定义的属性，又分为公有属性和私有属性，不像 C++通过 public 和 private 关键字区别公有属性和私有属性，Python 是以属性命名方式来区分，如果在属性名前面加了两个下划线'__'，则表明该属性是私有属性，否则为公有属性。

（1）类属性的访问

1）公有属性为类的所有对象共有，在类外可以通过类名和实例对象名两种方式访问。

- 通过对象名访问类属性，实例属性会强制屏蔽掉类属性，给出实例属性的数值。
- 通过类名访问类属性，将给出类属性的数值。

2）私有属性不能在类外通过类名和对象名访问，使得程序代码健壮。

【例 8-5】 类属性举例。

```
class People:
    name = 'jack'           #公有的类属性
    __age = 12              #私有的类属性

p = People()
print(p.name)               #正确
print(People.name)          #正确
print(p.__age)              #错误，不能在类外通过实例对象访问私有的类属性
print(People.__age)         #错误，不能在类外通过类访问私有的类属性
```

（2）类属性修改与删除

类属性修改必须通过实例对象，类属性的修改会产生一个同名的实例属性副本，类属性

的修改实际是实例属性副本的修改，而不是类属性本身，不会影响到类属性数值，从而保护了类属性。当实例属性被删除后，通过实例属性所访问的数值就是类属性的数值。

【例 8-6】 修改类属性。

```
class People:
    country = 'china'    #类属性

print(People.country)      #输出类属性的数值为'china'
p = People()               #类的实例——对象 p
print(p.country)           #输出类属性的数值为'china'
p.country = 'japan'    #修改实例属性的数值为'japan'
print(p.country)        #实例属性会屏蔽掉同名的类属性，输出的数值为'japan'
print(People.country)      #输出类属性的数值为'china'
del p.country         #删除实例属性的数值 'japan'
print(p.country)        #输出类属性的数值为'china'
```

程序运行结果如下所示。

```
china
china
japan
china
china
```

8.4 方法

Python 方法分为对象方法、类方法和静态方法。其中，对象方法具有 self 参数；类方法使用修饰器@classmethod，具有 cls 参数；静态方法使用修饰器@staticmethod，没有参数。

【例 8-7】 三种方法举例。

```
class MyClass:
    def  method(self):                #对象方法
        print("method")
    @staticmethod                     #静态方法
    def  staticMethod():
        print("static method")
    @classmethod     #类方法
    def classMethod(cls):
        print("class method")
```

8.4.1 对象方法

对象方法分为公有方法和私有方法两种，通过命名方式进行区分。如果在方法名前面加了两个下划线'__'，表示该方法是私有方法，否则为公有方法。对象方法与普通函数只有一个特别的区别，必须有一个额外的第一个参数名称（self），self 等同于 C++语言的 this 指针，用于指向对象本身，当对象调用该方法时，Python 就将对象作为第一个参数传递给 self。

（1）公有方法

公有方法通过对象名调用。

【例 8-8】 公有方法举例。

```
class Person:                          #声明 class 类
    def sayHi(self):                   #公有方法
        print('Hello, how are you?')

p = Person()     #创建对象 p
p.sayHi()
```

输出：

```
Hello, how are you?
```

（2）私有方法

私有方法不能通过对象名调用，只能在对象的公有方法中通过 self 调用。

【例 8-9】 私有方法举例。

```
class Person:
    def __sayHi(self):          #私有方法
        print ('Hello, how are you?')
    def output(self):
        self.__sayHi( )         #只能在对象的公有方法中通过 self 调用

p = Person()                    #创建对象 p
p.__sayHi()                     #错误，不能通过对象名调用
p.output()
```

输出：

```
Hello, how are you?
```

8.4.2 类方法

类方法属于类，通过 Python 的修饰器@classmethod 实现，类方法只能通过类名调用，具有 cls 参数。

【例 8-10】 类方法举例。

```
class MyClass:
    @classmethod
    def classMethod(cls):
        print("class method")
MyClass.classMethod()
```

输出：

```
class method
```

8.4.3 静态方法

静态方法属于类，通过 Python 的修饰器@staticmethod 实现，只能通过类名调用，不能

访问属于对象的成员，只能访问属于类的成员。

【例 8-11】 静态方法举例。

```
class Fruit:
    price=0
    @ staticmethod
    def getPrice():                    #定义静态方法 getPrice
        return Fruit.price
    @ staticmethod
    def setPrice(p):                   #定义静态方法 setPrice
        Fruit.price=p
#主程序
print(Fruit.getPrice( ))
Fruit.setPrice(9)
print(Fruit.getPrice( ))
```

程序运行结果：

```
0
9
```

8.5 构造函数与析构函数

一般来说，对象的生命周期从构造函数开始，以析构函数结束。

8.5.1 构造函数

__init__方法作为 Python 类的一种特殊方法，方法名的开始和结束都是双下划线，该方法称为构造函数，用来为属性设置初值，每次创建类的实例时，构造函数都会自动执行，为对象分配内存。__init__方法的第一个参数永远是 self，表示创建的实例本身。

构造函数的语法格式为：

```
def  __init__( ):
    函数体
```

【例 8-12】 构造函数举例。

```
class Person:
  def __init__(self, name):
    self.name = name
  def sayHi(self):
    print('Hello, my name is', self.name)
p = Person("zhou")
p.sayHi()
```

输出：

```
Hello, my name is zhou
```

注意：__init__方法可选，但是子类一旦定义，就必须显示调用父类的__init__方法。

8.5.2 析构函数

析构函数的方法名__del__，用来释放对象占用的资源，完成内存清理工作，析构函数又称为垃圾收集器。

【例 8-13】 析构函数举例。

```
class Car :
    def __init__(self,num):                  #构造函数
        self.num=num
        print ('number is', self.num, 'object is born...')
    def __del__(self):                       #析构函数
        print ('number is', self.num, 'object is dead...')
car1=Car(1)
car2=Car(2)
del car1
del car2
```

运行结果如下所示。

```
number is 1 object is born...
number is 2 object is born...
number is 1 object is dead...
number is 2 object is dead...
```

8.6 继承性

继承性通过派生类和基类实现，被继承的基类又称为父类或超类（Base class、Super class），而新类称为子类或派生类（Subclass）。

Python 继承时，基类的构造（__init__()方法）不会被自动调用，必须在派生类中显示调用父类__init__方法。另外，调用基类的方法，需要加上基类的类名作为前缀，带上 self 参数变量，而在类中调用普通函数时并不需要带上 self 参数。

在 Python 中，同时支持单继承与多继承，如下所示。

8.6.1 单继承

单继承的语法如下所示。

```
class <类名>(父类名):
    <语句>
```

【例 8-14】 继承性举例。

学校的教师和学生情况有一些共同属性，比如姓名、年龄和地址。他们也有各自专有的属性，比如教师具有薪水等属性，而学生具有成绩等属性。如果教师和学生是两个独立的类，要增加一个新的公有属性，就意味着要在这两个独立的类中都增加，这将会较为烦琐。

继承的方法是创建一个共同的类（SchoolMember）作为教师类和学生类的父类。当要为教师和学生都增加新的属性，只需在 SchoolMember 类中增加即可。

代码如下。

```
class SchoolMember:
    def __init__(self, name, age):
        self.name = name
        self.age = age
        print('(Initialized SchoolMember: %s)' %self.name)
    def tell(self):
        print('Name:"%s" Age:"%s"' %(self.name, self.age),)

class Teacher(SchoolMember):
    def __init__(self, name, age, salary):
        SchoolMember.__init__(self, name, age)
        self.salary = salary
        print('(Initialized Teacher: %s)' %self.name)
    def tell(self):
        SchoolMember.tell(self)
        print('Salary: "%d"' %self.salary)

class Student(SchoolMember):
    def __init__(self, name, age, marks):
        SchoolMember.__init__(self, name, age)
 #子类的构造函数必须显式调用基类的构造函数
        self.marks = marks
        print('(Initialized Student: %s)' %self.name)
    def tell(self):
        SchoolMember.tell(self)
        print('Marks: "%d"' %self.marks)

t = Teacher('zhou', 40, 30000)
s = Student('pan', 22, 75)
members = [t, s]
for member in members:
    member.tell()
```

程序运行结果如下所示。

```
(Initialized SchoolMember: zhou)
(Initialized Teacher: zhou)
(Initialized SchoolMember: pan)
(Initialized Student: pan)
Name:"zhou" Age:"40"
Salary: "30000"
Name:"pan" Age:"22"
Marks: "75"
```

8.6.2 多继承

多继承的语法如下所示。

```
class   类名(父类 1,父类 2,....,父类 n):
    <语句 1>
```

多继承需要在类名后面的小括号中，列出多个类名，以逗号分隔。

【例 8-15】 多继承举例。

```
class   A:
    def get(self):
        print("I'm A")
class B:
    def get(self):
        print("I'm B")
class C(A,B):
        print("I'm C")

c=C()
c.get()
```

程序运行结果如下所示。

```
I'm C
I'm A
```

【解析】C 类同时继承了 A、B，但是 A、B 中都有 get()方法，在这里显然是先调用了首先传进来的那个类的方法。

8.7 多态性

多态性是指不同的对象在接收同一条消息时会产生不同的行为。也就是说，每个对象可以用自己的方式去响应共同的消息。

【例 8-16】 计算图形面积。

计算图形的面积时，由于图形的形状不同，使用的计算方法不同。例如，圆的计算面积为 3.14×半径×半径，长方形的计算面积为长×宽等。因此，计算图形面积可以使用多态性来实现。

```
import math
class Shape:                    #基类
    def area(self):
        print()

class circle(Shape):            #圆
    def __init__(self,r):
        self.r=r
    def area(self,r):           #圆的面积
```

```
            print("The area of circle is ",3.14*r*r)

class triangle(Shape):                 #三角形
    def __init__(self,x,y,z):
        self.x=x
        self.y=y
        self.z=z
    def area(self,x,y,z):              #三角形的面积
        p=(x+y+z)/2
        s=math.sqrt(p*(p-x)*(p-y)*(p-z))
        print("The area of triangle is ",s)

class rectangle(Shape):                #矩形
    def __init__(self,a,b):
        self.a=a
        self.b=b
    def area(self,a,b):                #矩形的面积
        print("The area of rectangle is ",a*b)

o=circle(3)
t=triangle(3,4,5)
r=rectangle(6,7)

o.area(3)
t.area(3,4,5)
r.area(6,7)
```

程序运行结果如下所示。

```
The area of circle is    28.259999999999998
The area of triangle is    6.0
The area of rectangle is    42
```

8.8 习题

1．面向对象的三大特性是什么？

2．编写学生类，要求有一个计数器的属性，统计总共实例化了多少个学生。

3．编写人员类（Person），该类具有姓名（Name）、年龄（Age）、性别（Sex）等属性，通过对 Person 类的继承得到教师类（Teacher），该类能够存放教师的职称、学历、工资、奖金等信息，并能计算出总收入（工资+奖金）。

4．学校成员类（SchoolMember）具有成员的姓名和总人数。教师类（Teacher）继承学校成员类，具有工资属性。学生类（Student）继承学校成员类，具有成绩属性。要求：创建教师和学生对象时，总人数增一；对象消亡，总人数减一。

第 9 章　图形用户界面

本章首先介绍了用户界面设计的原则和常用的工具。其次，重点讲解了 tkinter 编程的相关内容，介绍标签、文本框、按钮、列表框、滚动条和对话框等控件，以及布局和绘图。最后，介绍了 PyQt 和 wxPython 相关内容。

9.1　概述

图形用户界面（Graphical User Interface，GUI），又称图形用户接口，是指采用图形方式显示的计算机操作用户界面，负责用户与应用程序之间的交互。

9.1.1　界面设计准则

界面设计一般具有如下准则：

1）界面具有一致性。一致性原则在界面设计中最容易违反，同时也最容易修改。例如，在菜单和联机帮助中必须使用相同的术语；对话框必须具有相同的风格等。

2）常用操作设置快捷键。常用操作的使用频度大，应该减少操作序列的长度。例如，为文件的常用操作如打开、存盘、另存等设置快捷键。常用操作具有捷径，不仅会提高用户的工作效率，还可简洁和高效实现界面上的功能。

3）提供简单错误处理。系统对于错误能检测，并提供快速简单的处理办法。

4）提供信息反馈。对常用操作和简单操作的反馈可以不做要求，但是对不常用操作和至关重要的操作，应提供信息的反馈。

5）操作可逆。可逆的动作可以是单个的操作，也可以是一个相对独立的操作序列。

6）联机帮助。对于不熟练的用户来说，良好的联机帮助具有非常重要的作用。

9.1.2　GUI 库简介

Python 提供了多个图形开发界面的库，几个常用的 Python GUI 库如下。

1）tkinter：tkinter 模块是 Python 的标准 GUI 工具包的接口，其历史最悠久，作为 Python 标准的 GUI，易学易用。

2）PyQt：PyQt 是一个创建 GUI 应用程序的工具包。它是Python编程语言和Qt库的成功融合。Qt 库是目前最强大的库之一。

3）wxPython：wxPython 是一款开源软件，作为 Python 语言的优秀 GUI 图形库，能快速方便地创建完整、功能健全的 GUI 用户界面。wxPython 下载网址：http://wxpython.org/download.php。

9.2 tkinter

本节介绍了 tkinter 的导入、基本控件、布局和绘图。

9.2.1 简介

tkinter 是 Python 的标准 GUI 库，内置在 Python 中，导入 tkinter 模块一般采用如下三种方式。

- import tkinter：导入 tkinter 模块。
- import tkinter as tk：导入 tkinter 为 tk。
- from tkinter import*：导入 tkinter 所有内容。

【例 9-1】 最简单的 tk 举例。

```
import tkinter    #导入 tkinter 模块
top = tkinter.Tk()
top.mainloop()    # 进入消息循环
```

运行结果如图 9-1 所示。

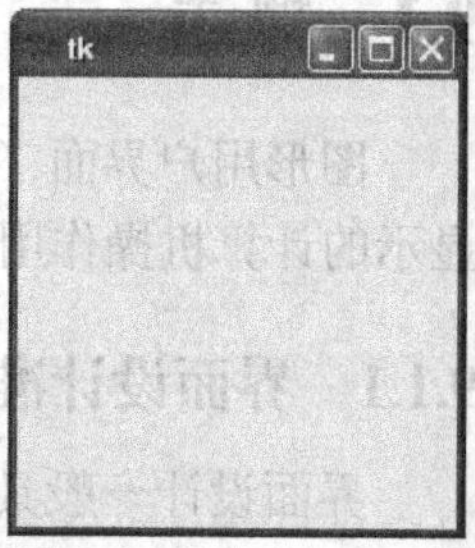

图 9-1 程序运行结果

9.2.2 基本控件

tkinter 包括多种基本控件，如标签、文本框、按钮、滚动条等，如表 9-1 所示。

表 9-1 tkinter 控件

控件	名称	描述
Button	按钮控件	在程序中显示按钮
Canvas	画布控件	显示图形元素如线条或文本
Checkbutton	多选框控件	用于在程序中提供多项选择框
Entry	输入控件	用于显示简单的文本内容
Frame	框架控件	在屏幕上显示一个矩形区域，多用来作为容器
Label	标签控件	可以显示文本和位图
Listbox	列表框控件	用来显示一个字符串列表
Menu	菜单控件	显示菜单栏、下拉菜单和弹出菜单
Message	消息控件	用来显示多行文本，与 label 比较类似
Radiobutton	单选按钮控件	显示一个单选的按钮状态
Scale	范围控件	显示一个数值刻度，为输出限定范围的数字区间
Scrollbar	滚动条控件	当内容超过可视化区域时使用，如列表框
Text	文本控件	用于显示多行文本
Toplevel	容器控件	用来提供一个单独的对话框，和 Frame 比较类似
Spinbox	输入控件	与 Entry 类似，但是可以指定输入范围值

下面依次进行介绍。

（1）标签

标签可以使用 Label()方法创建。

【例 9-2】 标签举例。

```
from tkinter import *
root = Tk()                          # 初始化 Tk()
root.title("label-test")             # 设置窗口标题
root.geometry("200x300")             # 设置窗口大小
root.resizable(width=True, height=False) # 设置窗口是否可以变化
l = Label(root, text="label", bg="pink", font=("Arial",12), width=8, height=3)
l.pack(side=LEFT)                    # side 可以赋值为 LEFT、RIGHT、TOP、BOTTOM
root.mainloop()                      # 进入消息循环
```

程序运行结果如图 9-2 所示。

（2）文本框

Text()方法用于创建文本框，实现数据的录入和显示。

【例 9-3】 文本框举例。

```
from tkinter import *
root = Tk()                          # 初始化 Tk()
root.title("text-test")              # 设置窗口标题
root.geometry("300x200")             # 设置窗口大小
root.resizable(width=True, height=False) # 设置窗口是否可以变化
t = Text(root)
t.insert('1.0',"text1\n")            # 插入
t.pack()
root.mainloop()                      # 进入消息循环
```

程序运行结果如图 9-3 所示。

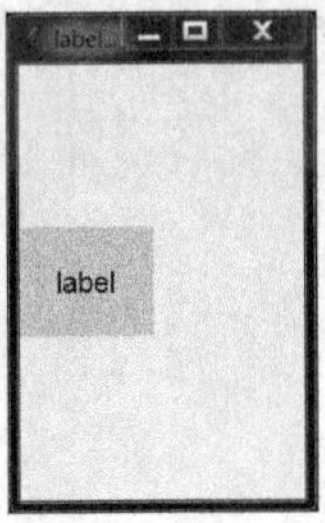

图 9-2　程序运行结果

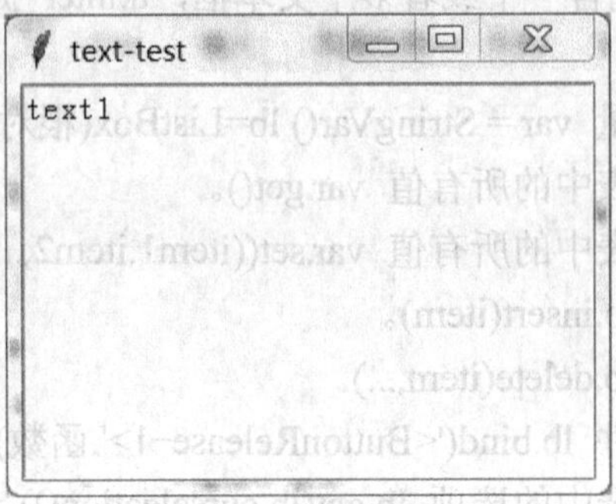

图 9-3　程序运行结果

（3）按钮

用户通过敲击按钮触发相应事件，可以使用 tkinter 里的 Button ()方法创建。

【例 9-4】 命令按钮举例。

```
from tkinter import *
root = Tk()                              # 初始化 Tk()
```

```
root.title("button-test")       # 设置窗口标题
root.geometry()

def printhello():
    t.insert(END,"hello\n")
t = Text()
t.pack()
Button(root, text="press", command=printhello).pack()
root.mainloop() # 进入消息循环
```

程序运行结果如图 9-4 所示。

图 9-4　程序运行结果

（4）列表框

列表框中包含一个或者多个文本框，tkinter 提供 Listbox()方法创建。列表框的相关方法和属性如下。

- 绑定变量 var = StringVar() lb=ListBox(根对象,listvariable=var)。
- 得到列表中的所有值 var.get()。
- 设置列表中的所有值 var.set((item1,item2,......))。
- 添加：lb.insert(item)。
- 删除：lb.delete(item,...)。
- 绑定事件 lb.bind('<ButtonRelease-1>',函数)。
- 获得所选中的选项 lb.get(lb.curselection())。
- 属性：selectmode 可以为 BROWSE MULTIPL SINGLE。

【例 9-5】 列表框举例。

```
from tkinter import *                    # 导入 tkinter 库
root = Tk()                              # 创建窗口对象的背景色
li     = ['C','python','php','html','SQL','java']
listb  = Listbox(root)                   # 创建列表组件
for item in li:                          # 插入数据
```

```
        listb.insert(0,item)
    listb.pack()                              # 将小部件放置到主窗口中
    root.mainloop()                           # 进入消息循环
```

程序运行结果如图 9-5 所示。

（5）滚动条

对于长文本内容的显示，可以在文本框侧翼或下方使用滚动条。tkinter 库中提供 Scrollbar()方法创建一个滚动条。

【例 9-6】 滚动条举例。

```
from tkinter import *
root = Tk() # 初始化 Tk()
root.title("scrl-test")     # 设置窗口标题
root.geometry()     # 设置窗口大小

var = StringVar()
lb = Listbox(root, height=5, selectmode=BROWSE, listvariable = var)
list_item = [1,2,3,4,5,6,7,8,9,0]
for item in list_item:
    lb.insert(END,item)
scrl = Scrollbar(root)
scrl.pack(side=RIGHT,fill=Y)
lb.configure(yscrollcommand=scrl.set)
 # 指定 Listbox 的 yscrollbar 的回调函数为 Scrollbar 的 set，表示滚动条在窗口变化时实时更新
lb.pack(side=LEFT,fill=BOTH)
scrl['command'] = lb.yview   # 指定 Scrollbar 的 command 的回调函数是 Listbar 的 yview
root.mainloop()
```

程序运行结果如图 9-6 所示。

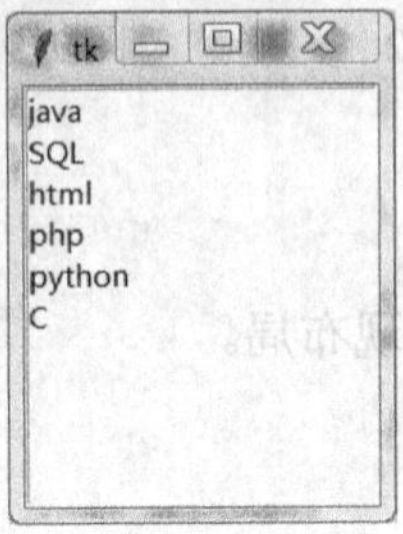

图 9-5 程序运行结果

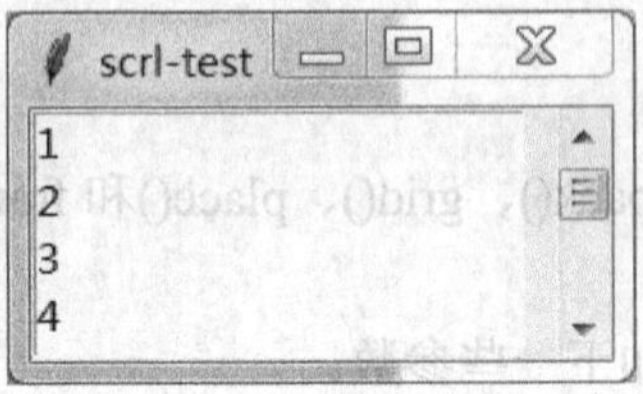

图 9-6 程序运行结果

（6）对话框

对话框仅用于应用程序与用户之间进行信息交互，当对话框中的信息必须被输入时，将阻塞别的构件接收用户事件，直到该对话框被关闭。

【例 9-7】 对话框举例。

```
import tkinter
#建立一个对话框
import tkinter.simpledialog as dl
```

```
#建立一个信息展示框
import tkinter.messagebox as mb

#创建控件
top = tkinter.Tk()
mb.showinfo("MessageBox-Title","这是一个猜数字游戏")
number = 5      #所猜测的数字
while True:
    #输入对话框
    input_number = dl.askinteger("SimpleDialog-Title","Input Number")
    if input_number == number:
        output_dialog = "正确"
        mb.showinfo("Right",output_dialog)
        break
    elif input_number < number:
        output_dialog = "有点小"
        mb.showinfo("<",output_dialog)
    elif input_number > number:
        output_dialog = "有点大"
        mb.showinfo(">",output_dialog)
```

程序运行结果如图 9-7、图 9-8、图 9-9 所示。

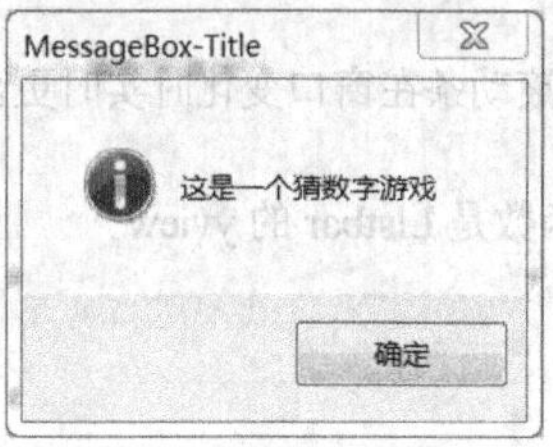

图 9-7　程序运行结果 1

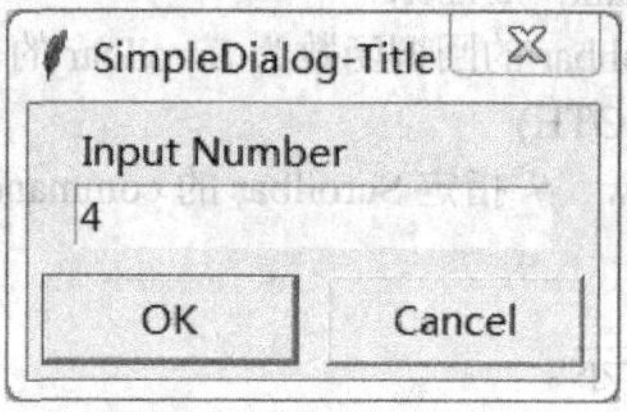

图 9-8　程序运行结果 2

图 9-9　程序运行结果 3

9.2.3　布局

tkinter 提供pack()、grid()、place()和 frame()四种方法实现布局。

1．pack()

pack()具有如下一些参数。

（1）side

side 属性有四个可选值：top、bottom、left、right，分别表示将控件位置设在窗口顶部中心、底部中心、左边中心、右边中心。side 默认值为 top。

（2）padx、pady、ipadx、ipady

这四个属性分别设置控件水平方向外边距、竖直方向外边距、水平方向内边距、竖直方向内边距。

（3）fill

fill 属性有四个可选值：none、x、y、both。分别表示不填充、将控件沿水平方向填充、将控件沿竖直方向填充、将控件沿水平和竖直方法填充。

当 side 属性被设为 top、bottom 时，fill 只能沿水平方向填充；当 side 属性被设为 left、right 时，fill 只能沿竖直方向填充。

（4）expand

expand 属性有 0、1 两个可选值。当 expand 属性为 1 时，side 属性无效，此时控件会在窗口中心位置，且 fill 既可沿水平方向填充，也可沿竖直方向填充。当 expand 属性为 0 时，一切正常。

【例 9-8】 pack ()举例。

```
from tkinter import *
root = Tk()
Button(root,text='A').pack(side=LEFT,expand=YES,fill=Y)
Button(root,text='B').pack(side=TOP,expand=YES,fill=BOTH)
Button(root,text='C').pack(side=RIGHT,expand=YES,fill=NONE)
Button(root,text='D').pack(side=LEFT,expand=NO,fill=Y)
Button(root,text='E').pack(side=TOP,expand=YES,fill=BOTH)
Button(root,text='F').pack(side=BOTTOM,expand=YES)
Button(root,text='G').pack(anchor=SE)
root.mainloop()
```

程序运行结果如图 9-10 所示。

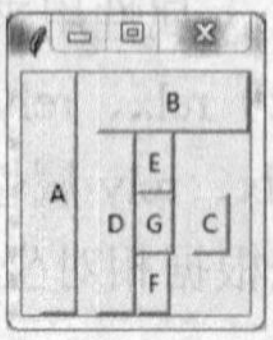

图 9-10　程序运行结果

2．grid()

grid()将窗口看作一张表格，将控件放在其中的单元格中，row、column 用来设置控件所在单元格的坐标。

【例 9-9】 grid()举例。

```
import tkinter as tk
window = tk.Tk()
window.title('test')
window.geometry('400x400')

btn1 = tk.Button(window,text='one',width=5,bg='green')
btn1.grid(row=0,column=0)

btn2 = tk.Button(window,text='two',width=5,height=5,bg='red')
btn2.grid(row=0,column=1)

btn3 = tk.Button(window,text='three',width=3,height=3,bg='blue')
btn3.grid(row=1,column=0)

btn4 = tk.Button(window,text='four',width=15,height=10,bg='yellow')
btn4.grid(row=1,column=1)

window.mainloop()
```

程序运行结果如图 9-11 所示。

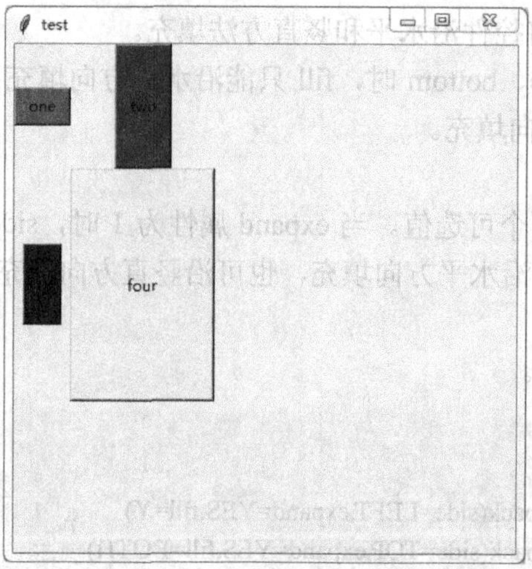

图 9-11　程序运行结果

3．place()

place()有以下几个常用属性。

（1）x、y

x、y 属性用来设置控件的绝对坐标。

（2）relx、rely

relx、rely 属性用来设置控件的相对坐标，范围为 0–1。可以同时使用相对坐标和绝对坐标，先根据相对坐标确定控件位置，然后根据绝对坐标使控件进行偏移，最后确定控件的最终位置。

（3）anchor

anchor 属性有 9 个可选值，分别表示 9 个方向，用来设置控件的锚点。如图 9-12 所示。例如，anchor='nw',x=100,y=100 表示控件的左上角将在坐标（100,100）处，而 anchor='n',x=100,y=100 表示控件的顶边中点将在坐标（100,100）处。

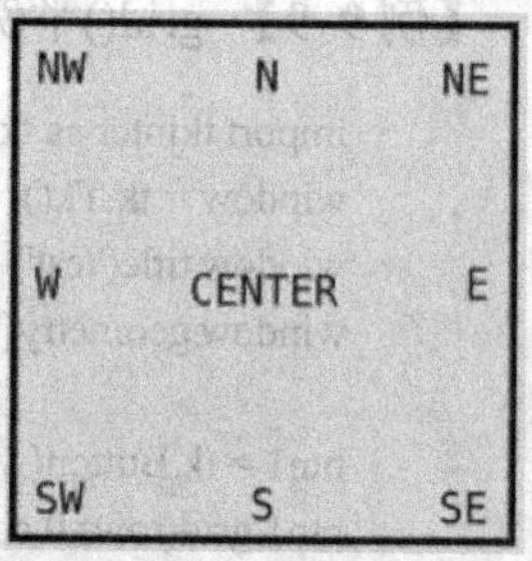

图 9-12　anchor 属性的可选值

4．frame()

frame()本身是 tkinter 中的一类控件，也可进行布局。

【例 9-10】 frame ()举例。

```
import tkinter as tk
window = tk.Tk()
window.title('test window')
window.geometry('400x400')

f1 = tk.Frame(window,width=150,height=150,bg='blue',borderwidth=2)
f2 = tk.Frame(window,width=150,height=150,bg='red',borderwidth=2)
f3 = tk.Frame(window,width=150,height=150,bg='gray',borderwidth=2)
f4 = tk.Frame(window,width=150,height=150,bg='yellow',borderwidth=2)

f1.grid(row=0, column=0)
```

```
f2.grid(row=0, column=1)
f3.grid(row=1, column=0)
f4.grid(row=1, column=1)

l1 = tk.Label(window,text='one',bg='pink',width=5).grid(row=0,column=0)

window.mainloop()
```

程序运行结果如图 9-13 所示。

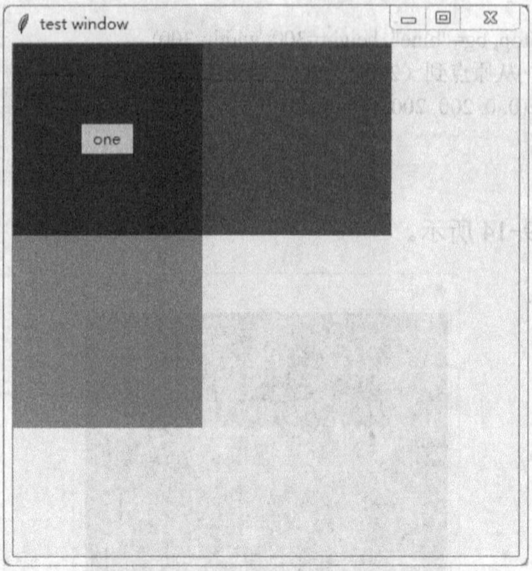

图 9-13　程序运行结果

9.2.4　绘图

Canvas 为 tkinter 提供了绘图功能，其提供的图形组件包括线形、圆形、图片，甚至其他控件。

Canvas 绘图的具体步骤如下。

步骤 1：引入 tkinter。

```
import Tkinter
```

步骤 2：设置画布大小，背景色等属性。

```
top = tkinter.Tk()
c = tkinter.Canvas(top, bg, height, width)
```

步骤 3：绘画各种图形，如线条、多边形、弧、圆等。

步骤 4：消息主循环。

```
c.pack()
top.mainloop()
```

Canvas 可以绘制矩形、椭圆、圆弧、多边形、线段等图形，具体如下。

（1）绘制线段

语法: canvas.create_line(x0, y0, x1, y1, ..., xn, yn, options)。

描述: (x0,y0)为第 1 个点的位置坐标，(x1,y1)为第 2 个点的位置坐标，依次类推。options 为可选项，例如，填充色 fill="red"等。

【例 9-11】 绘制线段举例。

```
import tkinter
top = tkinter.Tk()
c = tkinter.Canvas(top, bg="blue", height=300, width=300)
# 绘制一条直线，从原点到（200，200），填充色为红色
line = c.create_line(0, 0, 200, 200, fill="red")
c.pack()
top.mainloop()
```

程序运行结果如图 9-14 所示。

图 9-14　程序运行结果

（2）绘制多边形

语法: canvas.create_polygon(x0, y0, x1, y1,...,xn, yn, options)。

描述: (x0,y0)为第 1 个点的位置坐标，(x1,y1)为第 2 个点的位置坐标，依次类推。options 为可选项。

【例 9-12】 绘制多边形举例。

```
import tkinter
top = tkinter.Tk()
c = tkinter.Canvas(top, bg="blue", height=300, width=300)
polygon = c.create_polygon(110, 110, 150, 150,110,200,fill="yellow")
#绘制一个三角形，三个点分别为（110,110）（150,150）（110,200），填充色为黄色
c.pack()
top.mainloop()
```

程序运行结果如图 9-15 所示。

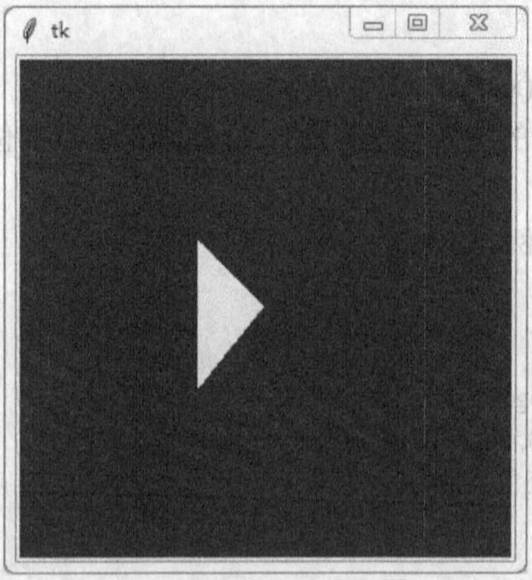

图 9-15　程序运行结果

（3）绘制扇形

语法: canvas.create_arc(x0,y0,x1,y1,...,xn,yn,start,extent,options)。

描述: (x0,y0)为第 1 个点的位置坐标，(x1,y1)为第 2 个点的位置坐标，依次类推。start 为开始角度，extent 为旋转角度，options 为可选项。

【例 9-13】 绘制扇形举例。

```
import tkinter
top = tkinter.Tk()
c = tkinter.Canvas(top, bg="blue", height=500, width=500)

arc = c.create_arc(250, 250,350,350,start=0,extent=270, fill="red")
# 绘制一个扇形，开始角度为 0 度，旋转 270 度，填充色为红色

c.pack()
top.mainloop()
```

程序运行结果如图 9-16 所示。

图 9-16　程序运行结果

（4）绘制椭圆

语法: canvas.create_ oval(x0, y0, x1, y1, options)。

描述: (x0,y0)为第 1 个点的位置坐标，(x1,y1)为第 2 个点的位置坐标，依次类推。options 为可选项。

【例 9-14】 绘制椭圆举例。

```
import tkinter
top = tkinter.Tk()
c = tkinter.Canvas(top, bg="blue", height=500, width=500)
oval = c.create_oval(250, 50, 400, 100, fill="white")
# 绘制一个椭圆，填充色为白色
c.pack()
top.mainloop()
```

程序运行结果如图 9-17 所示。

图 9-17　程序运行结果

（5）绘制矩形

语法: canvas. create_rectangle(x0, y0, x1, y1,...,xn, yn, options)。

描述: (x0,y0)为第 1 个点的位置坐标，(x1,y1)为第 2 个点的位置坐标，依次类推。options 为可选项。

【例 9-15】 绘制矩形举例。

```
import tkinter
top = tkinter.Tk()
c = tkinter.Canvas(top, bg="blue", height=500, width=500)
rectangle = c.create_rectangle(110, 110, 300, 150,fill="black",outline="red")
# 绘制一个矩形，填充色为黑色，边框为红色
c.pack()
top.mainloop()
```

程序运行结果如图 9-18 所示。

图 9-18　程序运行结果

9.3　PyQt

本节介绍 PyQt5 模块和基本使用方式。

9.3.1　简介

PyQt5 用于编写应用界面，具有 620 多个类和 6000 个函数和方法。PyQt5 的官方网站 http://www.riverbankcomputing.co.uk/news，如图 9-19 所示。

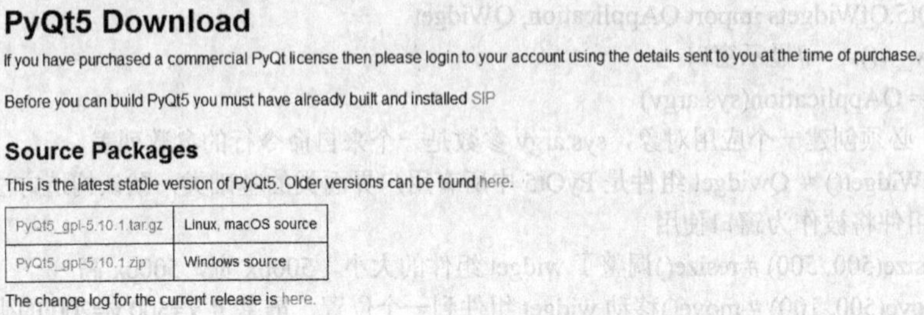

图 9-19　PyQt5 官网

PyQt5 的类被划分在几个模块中，如表 9-2 所示。

表 9-2　PyQt5 模块

模块名	含　义
QtCore	模块包含了非 GUI 的功能设计，用来实现时间，文件和目录，流，URL，线程和进程
QtGui	用于窗口化的系统结构，事件处理，2D 绘图，基本图形，字体和文本
QtWidgets	模块包含的类提供了一套 UI 元素来创建经典桌面风格用户界面
QtMultimedia	模块包含的类用于处理多媒体相关内容的 API

（续）

模块名	含　义
QtBluetooth	模块包含的类用于扫描蓝牙设备，并且和它们建立连接互动
QtNetwork	用于网络编程，这些类使 TCP/IP 和 UDP 客户端/服务器端编程更加容易和轻便
QtPositioning	用于多种可获得资源的位置限定，包含卫星定位，Wi-Fi，或一个文本文件
QtWebSockets	用于解决客户端访问 Qt 云服务托管
QtWebKitWidgets	模块包含的类用于解决浏览器使用的 API
QtXml	模块包含的类用于解析 XML 文件。这个模块提供 SAX 和 DOM API 解决方法
QtSql	模块提供类驱动数据库工作
QtTest	模块包含了方法提供 PyQt5 应用的单元测试

9.3.2　PyQt5 举例

在 Anaconda Prompt 下使用命令：pip install PyQt5，如图 9-20 所示。

图 9-20　PyQt5 安装

【例 9-16】 PyQt5 举例。

```
import sys
from PyQt5.QtWidgets import QApplication, QWidget
def show_w():    #显示窗口
    app = QApplication(sys.argv)
# PyQt5 必须创建一个应用对象，sys.argv 参数是一个来自命令行的参数列表
    w = QWidget() # Qwidget 组件是 PyQt5 中所有用户界面类的基础类，默认构造方法没有父类。没有父类的 widget 组件将被作为窗口使用
    w.resize(500, 500) # resize()调整了 widget 组件的大小，500px 宽，500px 高
    w.move(500, 100) # move()移动 widget 组件到一个位置，屏幕上 x=500,y=200 的坐标
    w.setWindowTitle('Simple') # 设置了窗口的标题，显示在标题栏中
    w.show() # show()方法在屏幕上显示出 widget。一个 widget 对象在这里第一次被在内存中创建，并且之后在屏幕上显示
    sys.exit(app.exec_()) # 应用进入主循环。在这个地方，事件处理开始执行。主循环用于接收来自窗口触发的事件，并且转发它们到 widget 应用上处理。调用 exit()方法或主 widget 组件被销毁，主循环将退出
if __name__ =='__main__':
    show_w()
```

程序运行结果如图 9-21 所示。

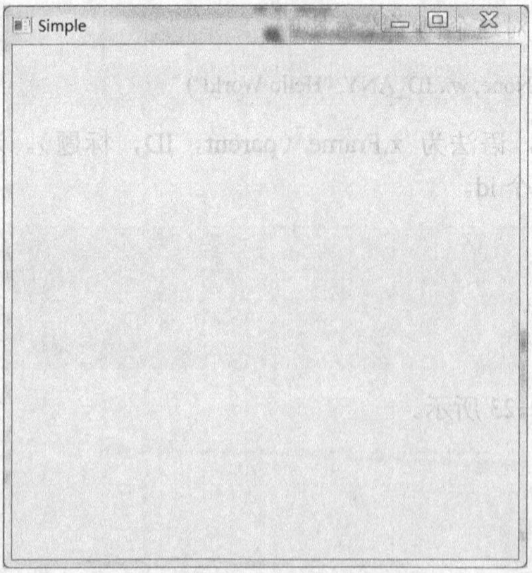

图 9-21　程序运行结果

9.4　wxPython

本节介绍了 wxPython 模块和基本使用方式。

9.4.1　简介

wxPython 是资格最老，最流行的 Python GUI 开发框架之一，在 Python 3.x 下变成了 wxPython ProjectPhoenix 项目，其官方主页为https://wiki.wxpython.org/ProjectPhoenix。

在 Anaconda Prompt 下使用命令：pip install wxpython，如图 9-22 所示。

```
Requirement already satisfied: six in c:\programdata\anaconda3\lib\site-packag
 (from wxpython)
Installing collected packages: wxpython
Successfully installed wxpython-4.0.1
```

图 9-22　程序运行结果

9.4.2　wxPython 举例

【例 9-17】 wxPython 的第一个程序 Hello World!。

```
import wx        #导入必须的 wxPython 包
app = wx.App(False)    #建立应用程序对象
frame=wx.Frame(None,wx.ID_ANY,"Hello World")    #建立框架类对象
frame.Show(True)    #显示框架
app.MainLoop()
app = wx.App(False)
```

创造一个 wx.App 实例。参数是“False”的意思是不将 stdout 和 stderr 重定向到一个窗

口，这个参数是“True”对这个例子没有影响。

```
frame = wx.Frame(None, wx.ID_ANY, "Hello World")
```

创建一个顶级窗口，语法为 x.Frame（parent，ID，标题）。这个例子中 wx.ID_ANY wxWidgets 为我们挑选一个 id。

```
frame.Show(True)
显示窗口
app.MainLoop()
主循环，处理事件
```

程序运行结果如图 9-23 所示。

图 9-23　程序运行结果

第 10 章　科 学 计 算

本章首先介绍了 Python 与科学计算的关系。其次，重点介绍 Python 科学计算的三剑客：NumPy、SciPy、Matplotlib。其中，NumPy 负责数值计算、矩阵操作等；SciPy 负责常见的数学算法，插值、拟合等；Matplotlib 负责数据可视化。最后，就 pandas 做了简要的介绍。

10.1　科学计算概述

传统意义上科学被分为经验科学与理论科学两类。但是，近几十年中，科学计算在接近理论的同时又包含很多实验工作的特性，渐渐成为科学的第三分支。科学计算是指在科学与工程领域，使用计算机数学建模和数值分析技术来分析和解决问题的过程。如图 10-1 所示。

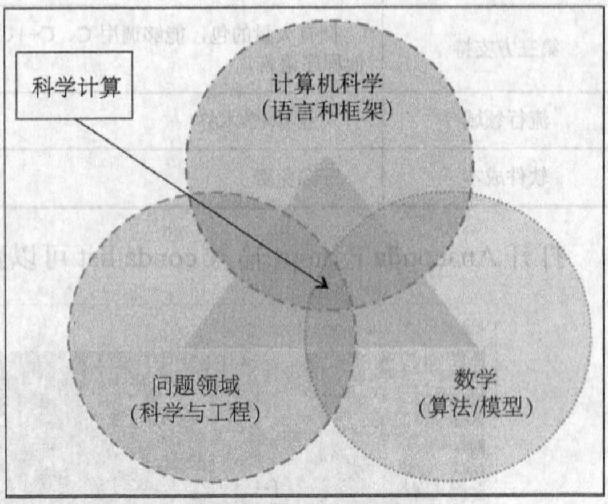

图 10-1　科学计算的地位

10.1.1　Python 与科学计算

随着 NumPy、SciPy、Matplotlib 等众多库的开发，Python 越来越适合于做科学计算、绘制高质量的 2D 和 3D 图像。2005 年，NumPy 将当时的两个数组处理扩展库 Numeric 和 Numarray 进行合并统一，成为 Python 科学计算最核心的扩展库，用于满足科学计算中的许多数学和统计需求。SymPy 程序库具有符号计算功能，可以实现基本算术、代数、积分、离散数学、量子物理等学科的符号计算。PyTables 是一个高效处理拥有大量数据的数据集的程序包，通过一种分层数据库的形式存储数据。IPython 让 Python 实现了交互式计算，同时支持多种语言的交互式计算。Matplotlib 库为 Python、NumPy 提供数据可视化的功能，可以画出线性图、直方图、散点图以及 3D 图等各种图。

10.1.2　与 MATLAB 相比

MATLAB 作为科学计算领域最流行的商业软件，Python 与其相比，除了 MATLAB 的一些专业性很强的工具箱还无法被替代之外，MATLAB 的大部分常用功能都可以在 Python 中找到相应的扩展库。针对于基础性的科研工作和应用系统的开发，Python 完全可以替代 MATLAB。

与 MATLAB 相比，Python 做科学计算有如下优点：

- MATLAB 是一款商用软件，并且价格不菲。而 Python 完全免费，众多开源的科学计算库都提供了 Python 的调用接口。
- 与 MATLAB 相比，Python 是一门更易学、更严谨的通用的程序设计语言，在文件管理、界面设计、网络通信等具有着丰富的扩展库，便于编写出更易读、易维护的代码。

Python 和 MATLAB 对比如表 10-1 所示。

表 10-1　Python 和 MATLAB 数据分析工具

	Python	MATLAB
语言学习难易程度	接口统一，学习曲线平缓	自由度大，学习曲线平缓
使用场景	数据分析、机器学习、矩阵运算、科学数据可视化、数字图像处理、Web 应用、网络爬虫、系统运维等	矩阵运算、数值分析、科学数据可视化、数字图像处理、仿真模拟等
第三方支持	拥有大量的包，能够调用 C、C++、Fortran、Java 等其他程序语言	拥有专业大量的包，能够调用 C、C++、Java 等其他程序语言
流行领域	工业界>学术界	工业界<学术界
软件成本	开源免费	商业收费

打开 Anaconda Prompt 输入 conda list 可以查看所有的安装的包，如图 10-2 所示。

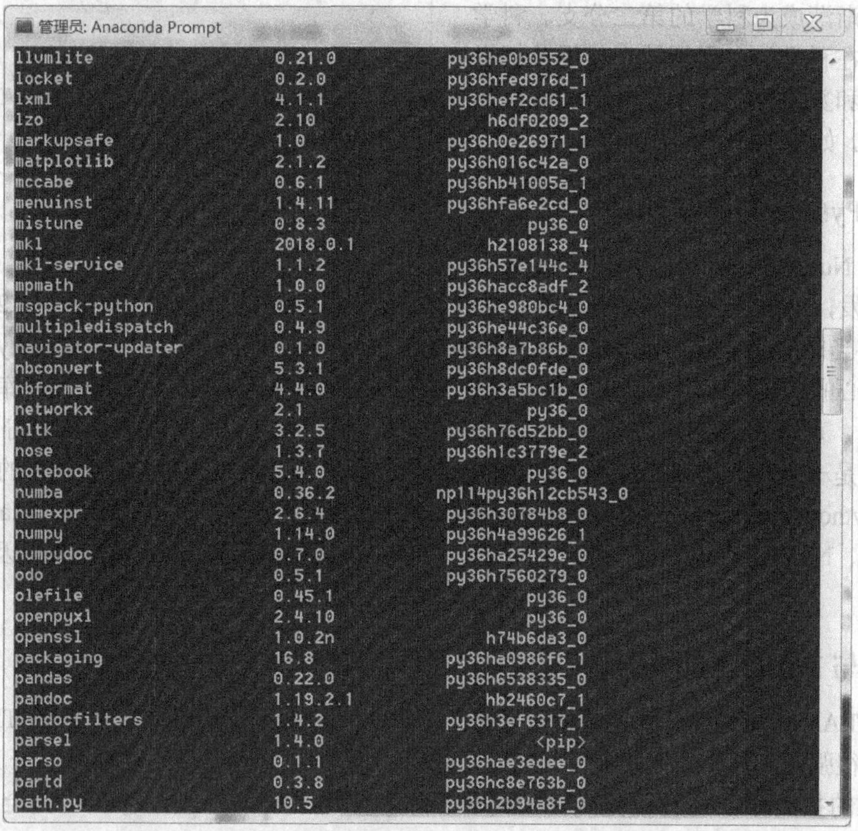

图 10-2　Anaconda 包含的科学计算包

10.2 NumPy

本节介绍了 NumPy，以及基本的操作方式。

10.2.1 NumPy 简介

NumPy（Numeric Python）是 Python 的开源数字扩展，定义了数值数组和矩阵类型以及基本运算的语言扩展，用于矩阵数据、矢量处理等。NumPy 的官方网址为 http://www.numpy.org/。

在 Anaconda Prompt 下使用命令：pip install numpy，如图 10-3 所示。

```
(base) C:\Users\Administrator>pip install numpy
Requirement already satisfied: numpy in c:\programdata\anaconda3\lib\site-packag
es
You are using pip version 9.0.3, however version 10.0.0 is available.
You should consider upgrading via the 'python -m pip install --upgrade pip' comm
and.
```

图 10-3　安装 NumPy

Python 具有 array 模块，但是 array 不支持多维，也没有各种运算函数，不适合做数值运算。而 NumPy 提供的同质多维数组 ndarray 正好弥补以上不足。ndarray 对象的重要属性如表 10-2 所示。

表 10-2　ndarray 对象的属性

属 性 名	含　义
ndarray.ndim	数组的轴（维度）的数量
ndarray.shape	数组的维度。为一个整数元组，表示每个维度上的大小。对于一个 n 行 m 列的矩阵来说，shape 就是（n，m）。shape 元组的长度就是秩（或者维度的数量）ndim
ndarray.size	数组的元素的总个数。这等于 shape 元素的乘积
ndarray.dtype	用来描述数组中元素类型的对象
ndarray.itermsize	数组的每个元素的字节大小。例如，一个类型为 float64 的元素的数组 itemsize 为 8
ndarray.data	该缓冲区包含了数组的实际元素

10.2.2 创建数组

创建数组有如下 array、arange、linspace 和 logspace 四种方法，如下所示。

方法 1：array 创建数组，将元组或列表作为参数。

【例 10-1】 array 举例。

```
import numpy as np                              #引入 numpy 库
a=np.array([[1,2],[4,5,7]])                     #创建数组，将元组或列表作为参数
a2 = np.array(([1,2,3,4,5],[6,7,8,9,10]))       #创建二维的 narray 对象
print(type(a))                                  #a 的类型是数组
print(type(a2))
```

```
print(a)
print(a2)
```

程序运行结果如下所示。

```
<class 'numpy.ndarray'>
<class 'numpy.ndarray'>
[list([1, 2]) list([4, 5, 7])]
[[ 1  2  3  4  5]
 [ 6  7  8  9 10]]
```

方法 2：arange 函数创建数组。

【例 10-2】 arange 举例。

```
import numpy as np
a=np.arange(12)                    #利用 arange 函数创建数组
print(a)
a2=np.arange(1,2,0.1)              #arang 函数和 range 函数相似
print(a2)
```

程序运行结果如下所示。

```
[0  1  2  3  4  5  6  7  8  9 10 11]
[1.  1.1 1.2 1.3 1.4 1.5 1.6 1.7 1.8 1.9]
```

方法 3：linspace 用于创建指定数量等间隔的序列，实际生成一个等差数列。

【例 10-3】 linspace 举例。

```
import numpy as np
a=np.linspace(0,1,12)         #从 0 开始到 1 结束，共 12 个数的等差数列
print(a)
```

程序运行结果如下所示。

```
[0.         0.09090909 0.18181818 0.27272727 0.36363636 0.45454545
 0.54545455 0.63636364 0.72727273 0.81818182 0.90909091 1.        ]
```

方法 4：logspace 用于生成等比数列。

【例 10-4】 logspace 举例。

```
import numpy as np
a = np.logspace(0,2,5)
#生成首位是 10 的 0 次方，末位是 10 的 2 次方，含 5 个数的等比数列
print(a)
```

程序运行结果如下所示。

```
[  1.           3.16227766  10.          31.6227766  100.        ]
```

10.2.3 查看数组

【例 10-5】 查看数组举例。

```
import numpy as np                               #引入 NumPy 库
a=np.array([[1,2],[4,5,7],3])                    #创建数组，将元组或列表作为参数
a2 = np.array(([1,2,3,4,5],[6,7,8,9,10]))        #创建二维的 narray 对象
print(type(a))                                   #a 的类型是数组
print(a)
print(a2)
print(a.dtype)                                   #查看 a 数组中每个元素的类型
print(a2.dtype)                                  #查看 a2 数组中每个元素的类型
print(a.shape)                                   #查看数组的行列，3 行
print(a2.shape)                                  #查看数组的行列，返回行列的元组，2 行 5 列
print(a.shape[0])                                #查看 a 的行数
print(a2.shape[1])                               #查看 a2 的列数
print(a.ndim)                                    #获取数组的维数
print(a2.ndim)
print(a2.T)                                      #简单转置矩阵 ndarray
```

程序运行结果如下所示。

```
<class 'numpy.ndarray'>
[list([1, 2]) list([4, 5, 7]) 3]
[[ 1  2  3  4  5]
 [ 6  7  8  9 10]]
object
int32
(3,)
(2, 5)
3
5
1
2
[[ 1  6]
 [ 2  7]
 [ 3  8]
 [ 4  9]
 [ 5 10]]
```

10.2.4 索引和切片

【例 10-6】 索引和切片举例。

```
import numpy as np
a = np.array([[1,2,3,4,5],[6,7,8,9,10]])
print(a)
print(a[:])                     #选取全部元素
print(a[1])                     #选取行为 1 的全部元素
```

```
print(a[0:1])                    #截取[0,1)的元素
print(a[1,2:5])                  #截取第二行第[2,5）的元素[ 8   9 10]
print(a[1,:])                    #截取第二行，返回 [6  7  8  9 10]
print(a[1,2])                    #截取行号为一，列号为 2 的元素 8
print(a[1][2])                   #截取行号为一，列号为 2 的元素 8，与上面的等价

#按条件截取
print(a[a>6])                    # 截取矩阵 a 中大于 6 的数
print(a>6)                       #比较 a 中每个数和 6 的大小，输出值 False 或 True
a[a>6] = 0                       #把矩阵 a 中大于 6 的数变成 0
print(a)
```

程序运行结果如下所示。

```
[[1  2  3  4  5]
 [6  7  8  9  10]]
[[1  2  3  4  5]
 [6  7  8  9  10]]
[6  7  8  9  10]
[[1 2 3 4 5]]
[8  9 10]
[6  7  8  9  10]
8
8
[7  8  9  10]
[[False False False False False]
 [False  True  True  True  True]]
[[1 2 3 4 5]
 [6 0 0 0 0]]
```

10.2.5 矩阵运算

【例 10-7】 矩阵运算举例。

```
import numpy as np
import numpy.linalg as lg              #求矩阵的逆，需要先导入 numpy.linalg
a1 = np.array([[1,2,3],[4,5,6],[2,4,5]])
a2 = np.array([[1,2,4],[3,4,8],[8,5,6]])
print(a1+a2)                           # 相加
print(a1-a2)                           # 相减
print(a1/a2)                           # 对应元素相除，如果都是整数则取商
print(a1%a2)                           # 对应元素相除后取余数
print(a1**2)                           # 矩阵每个元素都取 n 次方
print(a1.dot(a2))                      #点乘满足：第一个矩阵的列数等于第二个矩阵的行数
print(a1.transpose())                  #转置等价于 print(a1.T)
print(lg.inv(a1))                      # 用 linalg 的 inv 函数来求逆
```

程序运行结果如下所示。

```
[[2  4  7]
 [7  9 14]
 [10  9 11]]
[[0  0 -1]
 [1  1 -2]
 [-6 -1 -1]]
[[1.         1.         0.75        ]
 [1.33333333 1.25       0.75        ]
 [0.25       0.8        0.83333333]]
[[0 0 3]
 [1 1 6]
 [2 4 5]]
[[1  4  9]
 [16 25 36]
 [ 4 16 25]]
[[31 25 38]
 [67 58 92]
 [54 45 70]]
[[1 4 2]
 [2 5 4]
 [3 6 5]]
[[ 0.33333333  0.66666667 -1.        ]
 [-2.66666667 -0.33333333  2.        ]
 [ 2.          0.         -1.        ]]
```

10.3 Matplotlib

本节介绍了 Matplotlib，以及基本的操作方式。

10.3.1 Matplotlib 简介

Matplotlib 发布于 2007 年，由于 Matplotlib 的函数的设计上参考了 MATLAB，其命名以“Mat”开头，“Plot”表示绘图，“Lib”为集合。Matplotlib 可以绘制线图、直方图、饼图、散点图以及误差线图等各种图形，主要用于将 NumPy 统计计算结果可视化。

Matplotlib 官方网址为：http://matplotlib.org/，如图 10-4 所示。

在 Anaconda Prompt 下使用命令：pip install matplotlib，如图 10-5 所示。

常用图形有线性图、散点图、饼状图、条形图、直方图等，下面依次进行介绍。

10.3.2 线性图

plot 函数实现画线功能，其第一个数组是横轴的值，第二个数组是纵轴的值，最后一个参数表示线的颜色。

【例 10-8】 线性图举例。

```
import matplotlib.pyplot as plt
```

```
plt.plot([1, 2, 3], [3, 6, 9], '-r')
plt.plot([1, 2, 3], [2, 4, 9], ':g')
 plt.show()
```

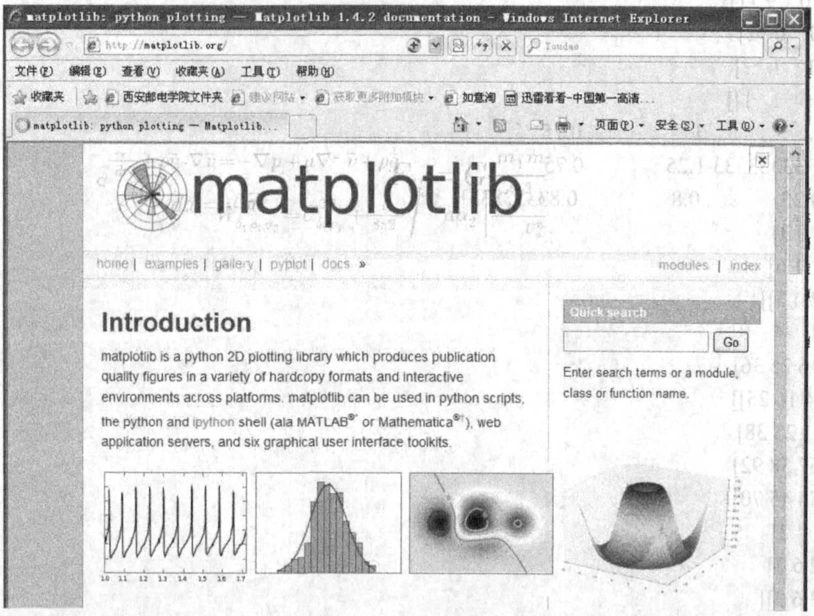

图 10-4　Matplotlib 网站

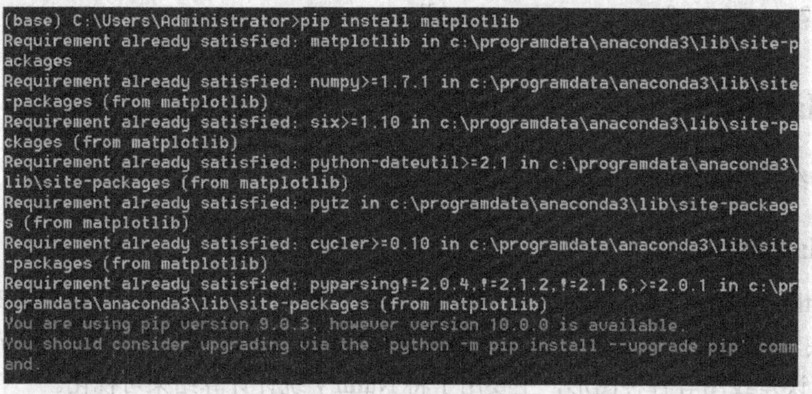

图 10-5　Matplotlib 安装

运行结果如图 10-6 所示。

10.3.3　散点图

scatter 函数用来绘制散点图，需要两组配对的数据指定 *x* 和 *y* 轴的坐标。

【例 10-9】 散点图举例。

```
import matplotlib.pyplot as plt
import numpy as np
```

```
N = 20
plt.scatter(np.random.rand(N) * 100, np.random.rand(N) * 100, c='r', s=100, alpha=0.5)
plt.scatter(np.random.rand(N) * 100, np.random.rand(N) * 100, c='g', s=200, alpha=0.5)
plt.scatter(np.random.rand(N) * 100, np.random.rand(N) * 100, c='b', s=300, alpha=0.5)

plt.show()
```

运行结果如图 10-7 所示。

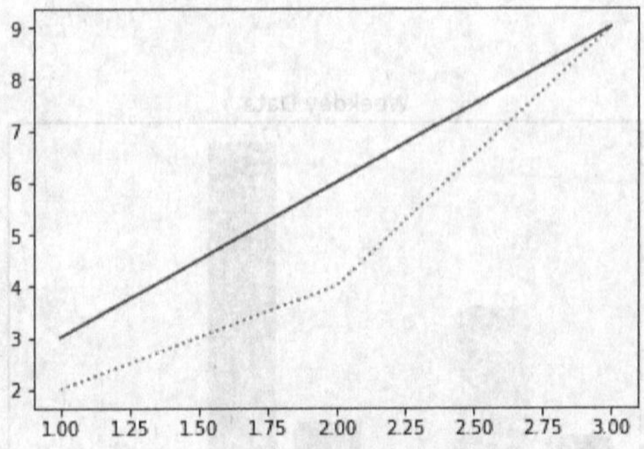

图 10-6　程序运行结果

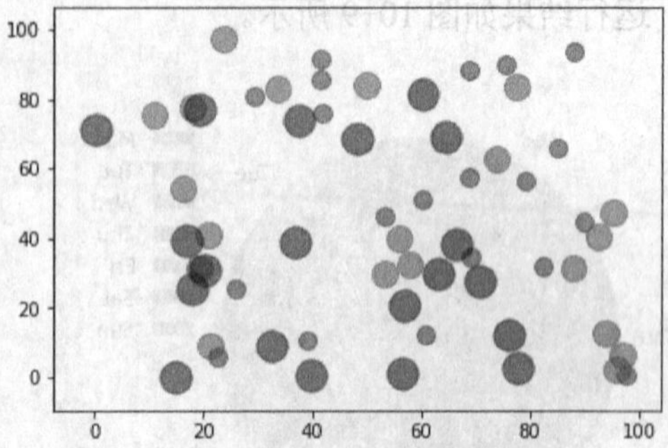

图 10-7　程序运行结果

10.3.4　饼状图

pie 函数用来绘制饼状图，用来表达集合中各个部分的百分比。

【例 10-10】 饼状图举例。

```
import matplotlib.pyplot as plt
import numpy as np

labels = ['Mon', 'Tue', 'Wed', 'Thu', 'Fri', 'Sat', 'Sun']
data = np.random.rand(7) * 100
plt.pie(data, labels=labels, autopct='%1.1f%%')
plt.axis('equal')
plt.legend()

plt.show()
```

运行结果如图 10-8 所示。

10.3.5　条形图

bar 函数用来绘制条形图，用来描述一组数据的对比情况。例如：一周七天，每天的城市车流量。

【例 10-11】 条形图举例。

```
import matplotlib.pyplot as plt
import numpy as np
```

```
N = 7
x = np.arange(N)
data = np.random.randint(low=0, high=100, size=N)
colors = np.random.rand(N * 3).reshape(N, -1)
labels = ['Mon', 'Tue', 'Wed', 'Thu', 'Fri', 'Sat', 'Sun']
 plt.title("Weekday Data")
plt.bar(x, data, alpha=0.8, color=colors, tick_label=labels)
plt.show()
```

运行结果如图 10-9 所示。

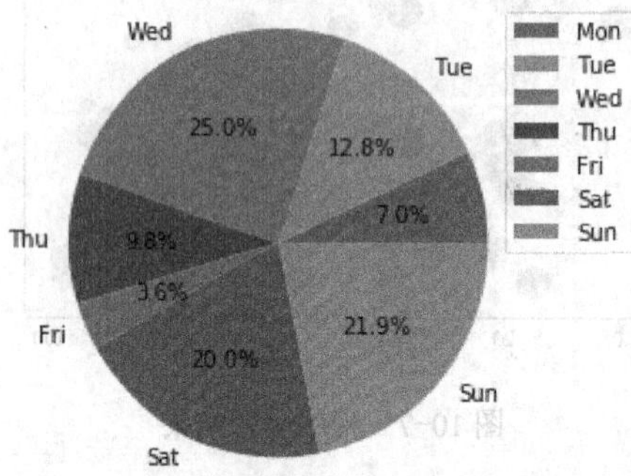

图 10-8　程序运行结果

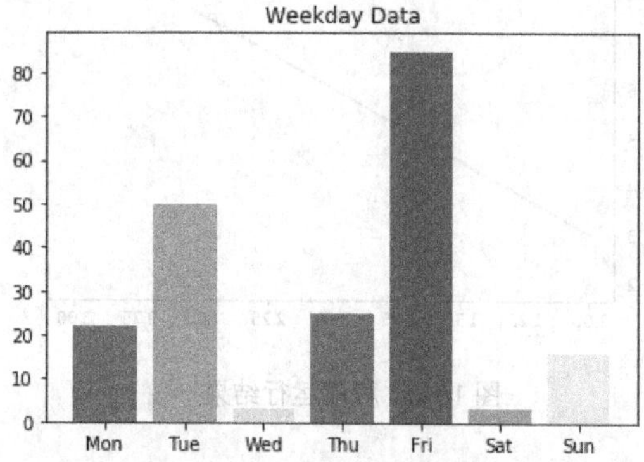

图 10-9　程序运行结果

10.3.6　直方图

直方图用 hist 函数来绘制。直方图看起来与条形图有些类似。但它们的含义是不一样的，直方图描述了数据中某个范围内数据出现的频度。

【例 10-12】 直方图举例。

```
import matplotlib.pyplot as plt
import numpy as np

data = [np.random.randint(0, n, n) for n in [3000, 4000, 5000]]
labels = ['3K', '4K', '5K']
bins = [0, 100, 500, 1000, 2000, 3000, 4000, 5000]
plt.hist(data, bins=bins, label=labels)
plt.legend()
 plt.show()
```

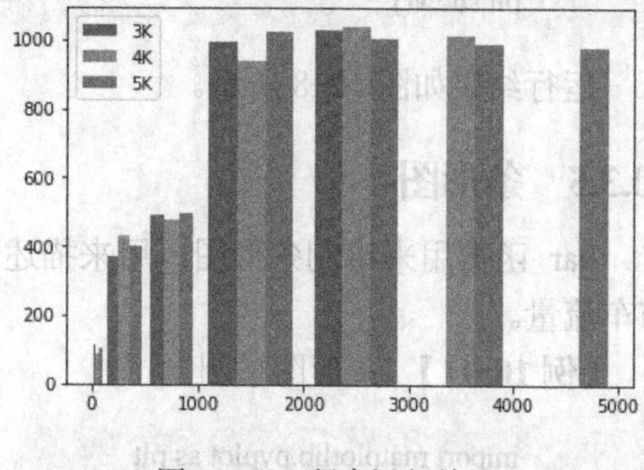

图 10-10　程序运行结果

运行结果如图 10-10 所示。

10.4　SciPy

本节介绍了 SciPy 的导入，以及基本的操作方式。

10.4.1 SciPy 简介

SciPy 主要用于数据处理，包括统计、优化、整合、线性代数模块、傅里叶变换、信号和图像处理等，常用的 SciPy 工具有 stats（统计学工具包）、scipy.interpolate（插值，线性的，三次方的）、cluster（聚类）、signal（信号处理）等。安装 SciPy 之前必须安装 NumPy。SciPy 官方网址 http://scipy.org。

在 Anaconda Prompt 下使用命令：pip install scipy，如图 10-11 所示。

```
(base) C:\Users\Administrator>pip install scipy
Requirement already satisfied: scipy in c:\programdata\anaconda3\lib\site-packag
es
You are using pip version 9.0.3, however version 10.0.0 is available.
You should consider upgrading via the 'python -m pip install --upgrade pip' comm
and.
```

图 10-11　SciPy 下载安装

10.4.2 二项分布

【例 10-13】 二项分布举例。

```
#-*- encoding:utf-8 -*-
import numpy as np
from scipy import stats
import matplotlib.pyplot as plt                          # matplotlib
def test_binom_pmf():
    '''抛掷 10 次硬币，恰好两次正面朝上的概率是多少？'''
    n = 10                                               #独立实验次数
    p = 0.5                                              #每次正面朝上概率
    k = np.arange(0,11)                                  #0-10 次正面朝上概率
    binomial = stats.binom.pmf(k,n,p)
    print(binomial)                                      #概率和为 1
    print(sum(binomial) )
    print(binomial[2])

    plt.plot(k, binomial,'o-')
    plt.title('Binomial: n=%i , p=%.2f' % (n,p),fontsize=15)
    plt.xlabel('Number of successes')
    plt.ylabel('Probability of success',fontsize=15)
plt.show()
test_binom_pmf()
```

程序运行结果如下：

```
  [0.00097656 0.00976563 0.04394531 0.1171875  0.20507813 0.24609375
   0.20507813 0.1171875  0.04394531 0.00976563 0.00097656]
1.0000000000000009
0.04394531249999999
```

运行结果如图 10-12 所示。

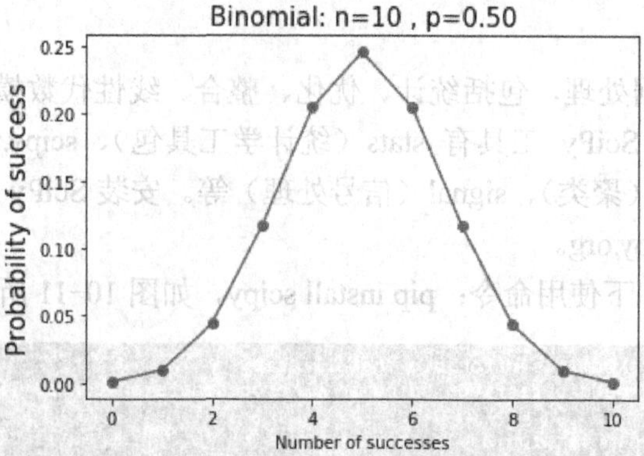

图 10-12　程序运行结果

10.4.3　正态分布

【例 10-14】 正态分布举例。

```
def test_norm_pmf():
    '''正态分布是一种连续分布，其函数可以在实线上的任何地方取值。正态分布由两个参数描述：分布的平均值 μ 和方差 σ2。'''
    mu = 0                                              #平均值
    sigma = 1                                           #标准差
    x = np.arange(-5,5,0.1)
    y = stats.norm.pdf(x,0,1)
    plt.plot(x, y)
    plt.title('Normal: $\mu$=%.1f, $\sigma^2$=%.1f' % (mu,sigma))
    plt.xlabel('x')
    plt.ylabel('Probability density', fontsize=15)
    plt.show()

test_norm_pmf()
```

程序运行结果如图 10-13 所示。

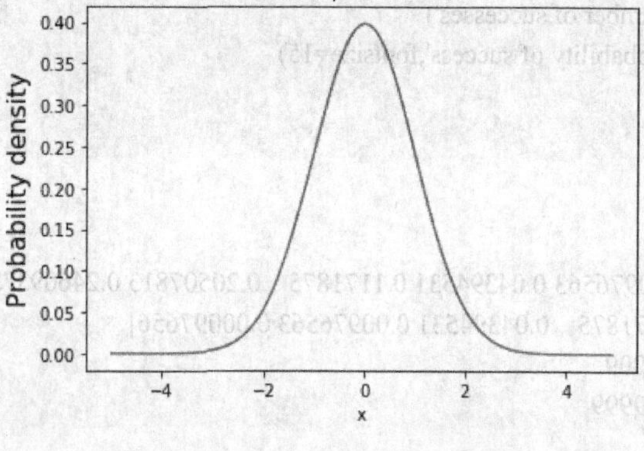

图 10-13　程序运行结果

10.4.4 beta 分布

【例 10-15】 beta 分布举例。

```
def test_beta_pmf():
    '''β分布是一个取值在 [0, 1] 之间的连续分布，它由两个形态参数 α 和 β 的取值所刻画。β分布的形状取决于 α 和 β 的值。贝叶斯分析中大量使用了 β 分布。 '''
    a = 0.5#
    b = 0.5
    x = np.arange(0.01,1,0.01)
    y = stats.norm.pdf(x,a,b)
    plt.plot(x, y)
    plt.title('Beta: a=%.1f, b=%.1f' % (a,b))
    plt.xlabel('x')
    plt.ylabel('Probability density', fontsize=15)
    plt.show()

test_beta_pmf()
```

程序运行结果如图 10-14 所示。

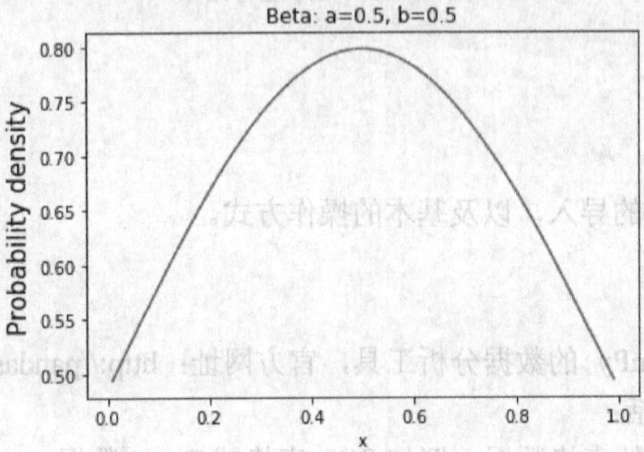

图 10-14 程序运行结果

10.4.5 指数分布

【例 10-16】 指数分布举例。

```
def test_exp():
    '''指数分布是一种连续概率分布，用于表示独立随机事件发生的时间间隔。比如旅客进入机场的时间间隔、打进客服中心电话的时间间隔、中文维基百科新条目出现的时间间隔等。'''
    lambd = 0.5#
    x = np.arange(0,15,0.1)
    y =lambd * np.exp(-lambd *x)
    plt.plot(x, y)
    plt.title('Exponential: $\lambda$=%.2f' % (lambd))
    plt.xlabel('x')
```

```
        plt.ylabel('Probability density', fontsize=15)
        plt.show()

    test_exp()
```

程序运行结果如图 10-15 所示。

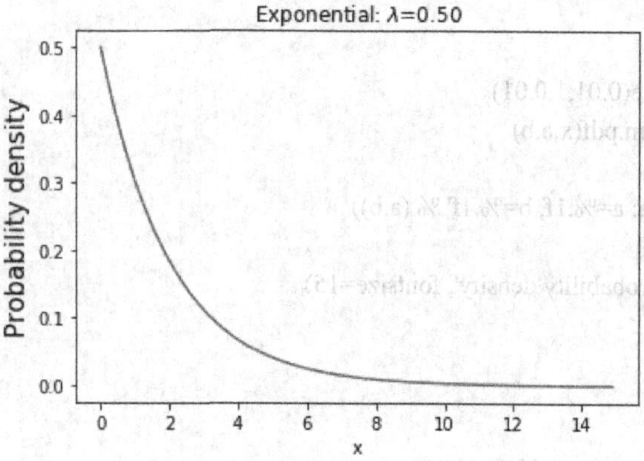

图 10-15　程序运行结果

10.5 pandas

本节介绍了 pandas 的导入，以及基本的操作方式。

10.5.1 pandas 简介

pandas 是基于 NumPy 的数据分析工具，官方网址：http://pandas.org。pandas 适合于许多不同类型的数据，包括：

- 具有异构类型列的表格数据，例如 SQL 表格或 Excel 数据。
- 有序和无序（不一定是固定频率）时间序列数据。
- 具有行列标签的任意矩阵数据（均匀类型或不同类型）。
- 任何其他形式的观测/统计数据集。

在 Anaconda Prompt 下使用命令：pip install pandas，如图 10-16 所示。

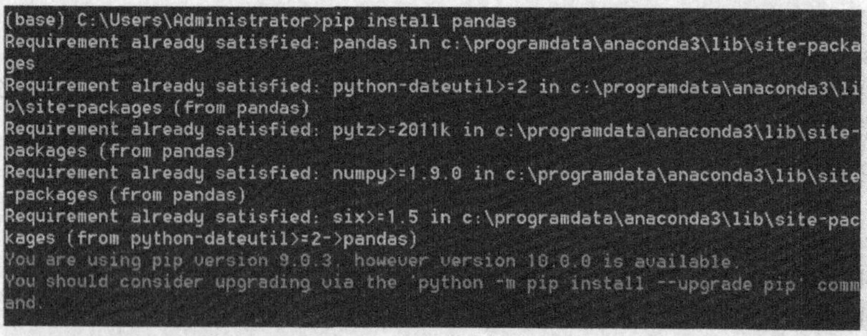

```
(base) C:\Users\Administrator>pip install pandas
Requirement already satisfied: pandas in c:\programdata\anaconda3\lib\site-packa
ges
Requirement already satisfied: python-dateutil>=2 in c:\programdata\anaconda3\li
b\site-packages (from pandas)
Requirement already satisfied: pytz>=2011k in c:\programdata\anaconda3\lib\site-
packages (from pandas)
Requirement already satisfied: numpy>=1.9.0 in c:\programdata\anaconda3\lib\site
-packages (from pandas)
Requirement already satisfied: six>=1.5 in c:\programdata\anaconda3\lib\site-pac
kages (from python-dateutil>=2->pandas)
You are using pip version 9.0.3, however version 10.0.0 is available.
You should consider upgrading via the 'python -m pip install --upgrade pip' comm
and.
```

图 10-16　安装 pandas

10.5.2 Series 和 DataFrame

pandas 最核心的是 Series 和 DataFrame 两个数据结构，如表 10-3 所示。

表 10-3 pandas 的两个核心数据结构

名称	维度	说明
Series	一维	带有标签的同构数据类型一维数组，与 NumPy 中的一维数组类似。二者与 Python 基本的数据结构 List 也很相近，其区别是 List 中的元素可以是不同的数据类型，而 Array 和 Series 只允许存储相同的数据类型
DataFrame	二维	带有标签的异构数据类型二维数组，DataFrame 有行和列的索引，可以看作是 Series 的容器，一个 DataFrame 中可以包含若干个 Series，DataFrame 的行和列的操作大致对称

【例 10-17】 Series 举例。

通过 NumPy 接口创建一个 1×4 的 Series，默认的索引是[0, N-1]形式，代码如下。

```
import pandas as pd
import numpy as np
series1 = pd.Series([1, 2, 3, 4])
print("series1:\n{}\n".format(series1))
print("series1.values: {}\n".format(series1.values))          #Series 中的数据
print("series1.index: {}\n".format(series1.index))            #Series 中的索引
```

程序运行结果：

```
series1:
0   1
1   2
2   3
3   4
dtype: int64
series1.values: [1 2 3 4]
series1.index: RangeIndex(start=0, stop=4, step=1)
```

创建 Series 的时候可以指定索引，通过索引获取对应的数据，代码如下。

```
series2 = pd.Series([1, 2, 3, 4, 5, 6, 7], index=["C", "D", "E", "F", "G", "A", "B"])
print("series2:\n{}\n".format(series2))
print("E is {}\n".format(series2["E"]))
```

程序运行结果：

```
series2:
C   1
D   2
E   3
F   4
G   5
A   6
B   7
```

```
dtype: int64
E is 3
```

【例 10-18】 DataFrame 举例。

通过 NumPy 接口创建一个 4×4 的 DataFrame，默认的索引和列名都是[0, N−1]形式，代码如下。

```
df1 = pd.DataFrame(np.arange(16).reshape(4,4))
print("df1:\n{}\n".format(df1))
```

程序运行结果：

```
df1:
    0   1   2   3
0   0   1   2   3
1   4   5   6   7
2   8   9  10  11
3  12  13  14  15
```

在创建 DataFrame 的时候指定列名和索引，代码如下。

```
df2 =pd.DataFrame(np.arange(16).reshape(4,4), columns=["column1", "column2","column3", "column4"
],  index=["a", "b", "c", "d"])
print("df2:\n{}\n".format(df2))
```

程序运行结果：

```
df2:
    olumn1  column2  column3  column4
a      0        1        2        3
b      4        5        6        7
c      8        9       10       11
d     12       13       14       15
```

直接指定列数据来创建 DataFrame，代码如下。

```
df3 = pd.DataFrame({"note" : ["C", "D", "E", "F", "G", "A","B"], "weekday": ["Mon", "Tue", "Wed", "T
hu", "Fri", "Sat","Sun"]})
print("df3:\n{}\n".format(df3))
```

程序运行结果：

```
df3:
  note weekday
0   C    Mon
1   D    Tue
2   E    Wed
3   F    Thu
4   G    Fri
```

```
5  A   Sat
6  B   Sun
```

以 Series 数组来创建 DataFrame，每个 Series 将成为一行，而不是一列，代码如下。

```
noteSeries = pd.Series(["C", "D", "E", "F", "G", "A", "B"], index=[1, 2, 3, 4, 5, 6, 7])
weekdaySeries = pd.Series(["Mon", "Tue", "Wed", "Thu","Fri", "Sat", "Sun"], index=[1, 2, 3, 4, 5, 6, 7])
df4 = pd.DataFrame([noteSeries, weekdaySeries])
print("df4:\n{}\n".format(df4))
```

程序运行结果：

```
df4:
     1    2    3    4    5    6    7
0    C    D    E    F    G    A    B
1  Mon  Tue  Wed  Thu  Fri  Sat  Sun
```

DataFrame 添加或者删除列数据，代码如下。

```
df3["No."] = pd.Series([1, 2, 3, 4, 5, 6, 7])
print("df3:\n{}\n".format(df3))
del df3["weekday"]
print("df3:\n{}\n".format(df3))
```

程序运行结果：

```
df3:
  note weekday  No.
0    C     Mon    1
1    D     Tue    2
2    E     Wed    3
3    F     Thu    4
4    G     Fri    5
5    A     Sat    6
6    B     Sun    7

df3:
  note  No.
0    C    1
1    D    2
2    E    3
3    F    4
4    G    5
5    A    6
6    B    7
```

10.5.3 pandas 与 Excel

【例 10-19】 pandas 操作 Excel 文件举例。

创建 Excel 文件 D:/excel-comp-data.xlsx，内容如图 10-17 所示。

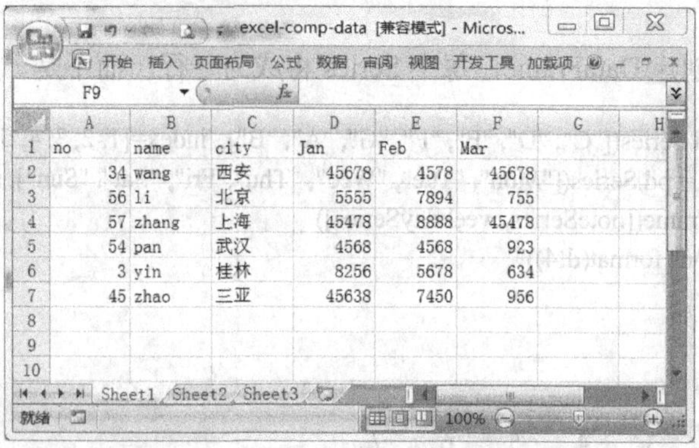

	A	B	C	D	E	F
1	no	name	city	Jan	Feb	Mar
2	34	wang	西安	45678	4578	45678
3	56	li	北京	5555	7894	755
4	57	zhang	上海	45478	8888	45478
5	54	pan	武汉	4568	4568	923
6	3	yin	桂林	8256	5678	634
7	45	zhao	三亚	45638	7450	956

图 10-17　D:/excel-comp-data.xlsx 内容

代码如下所示。

```
import pandas as pd
import numpy as np
df = pd.read_excel("d:/excel-comp-data.xls")    #将excel 数据 导入到 pandas 数据框架中
df.head()
```

下面，使用 Excel 和 pandas 实现相同的功能，如下所示。

功能 1：获取第一季度（Jan、Feb 和 Mar 三个月）的销售总额。

（1）使用 Excel

在 G 列中添加一列 total，使用公式 sum(D2:F2)。如图 10-18 所示。

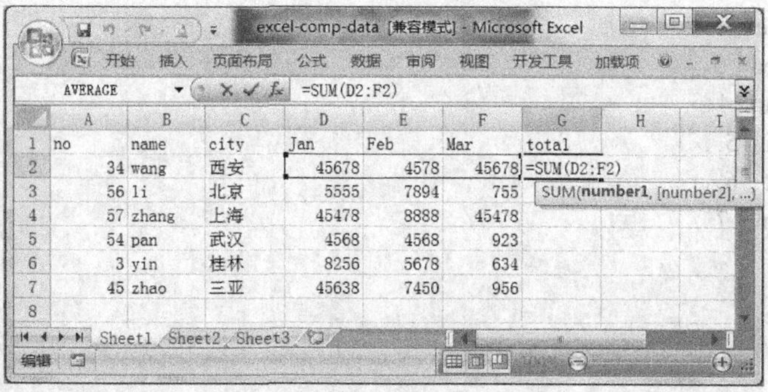

	A	B	C	D	E	F	G
1	no	name	city	Jan	Feb	Mar	total
2	34	wang	西安	45678	4578	45678	=SUM(D2:F2)
3	56	li	北京	5555	7894	755	
4	57	zhang	上海	45478	8888	45478	
5	54	pan	武汉	4568	4568	923	
6	3	yin	桂林	8256	5678	634	
7	45	zhao	三亚	45638	7450	956	

图 10-18　第一季度总和

（2）使用 pandas

```
df["total"] = df["Jan"] + df["Feb"] + df["Mar"]
df.head()
```

功能 2：实现每月总和的功能。

（1）使用 Excel

在 D 列中添加第 8 行，使用公式 sum(D2:D7)。如图 10-19 所示。

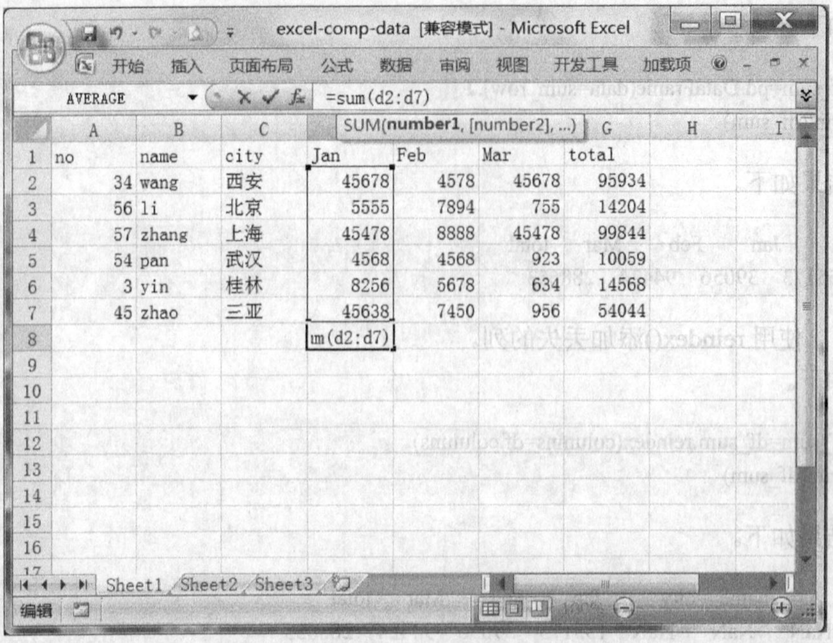

	A	B	C	D	E	F	G
1	no	name	city	Jan	Feb	Mar	total
2	34	wang	西安	45678	4578	45678	95934
3	56	li	北京	5555	7894	755	14204
4	57	zhang	上海	45478	8888	45478	99844
5	54	pan	武汉	4568	4568	923	10059
6	3	yin	桂林	8256	5678	634	14568
7	45	zhao	三亚	45638	7450	956	54044
8				um(d2:d7)			

图 10-19　每月的总和

（2）使用 pandas

```
df["Jan"].sum()
```

功能 3：实现将每月数据的总和相加得到总和的功能。

（1）使用 Excel

在 Excel 的单元格里把每个月的总和相加。

（2）使用 pandas

pandas 为了维护 DataFrame 的完整性，需要如下步骤。

步骤 1：建立所有列的总和栏。

代码如下。

```
sum_row=df[["Jan","Feb","Mar","total"]].sum()
print（sum_row）
```

运行结果如下。

```
Jan        155173
Feb         39056
Mar         94424
total      288653
dtype: int64
```

步骤 2：将总和值显示为表格中的单独一行，需要把数据进行变换，把这一系列数字转换为 DataFrame，方便其合并进已经存在的数据中。T 函数用于将按行排列的数据变换为按列排列。

代码如下。

```
df_sum=pd.DataFrame(data=sum_row).T
print(df_sum)
```

运行结果如下。

```
        Jan     Feb     Mar     total
155173   39056   94424   288653
```

步骤 3：使用 reindex()添加丢失的列。
代码如下。

```
df_sum=df_sum.reindex(columns=df.columns)
print(df_sum)
```

运行结果如下。

```
    no   name   city      Jan      Feb      Mar     total
0 NaN     NaN     NaN   155173   39056   94424   288653
```

步骤 4：使用 append()加入到已有的数据内容中。
代码如下。

```
df_final=df.append(df_sum,ignore_index=True)
df_final.tail()
print(df_final)
```

运行结果如下。

```
      no     name      city      Jan      Feb      Mar     total
0   34.0     wang      西安     45678     4578    45678     95934
1   56.0       li      北京      5555     7894      755     14204
2   57.0    zhang      上海     45478     8888    45478     99844
3   54.0      pan      武汉      4568     4568      923     10059
4    3.0      yin      桂林      8256     5678      634     14568
5   45.0     zhao      三亚     45638     7450      956     54044
6    NaN      NaN       NaN    155173    39056    94424    288653
```

第11章 网络爬虫

本章首先介绍了网络爬虫的概念和基本流程，讲解了 urllib、BeautifulSoup 和 Scrapy 三种爬取方法；然后介绍了正则表达式的相关知识；最后介绍了使用 Selenium 和 PhantomJS 抓取动态网页数据。

11.1 网络爬虫概述

本节介绍了什么是网络爬虫，以及网络爬虫的爬取步骤。

11.1.1 概念

网络爬虫（Web Spider），又被称为网页蜘蛛或网络机器人，通过一定的规则自动地抓取网络信息。网络爬虫就是根据 URL 获取网页信息。例如，当输入网址：http://www.baidu.com/，浏览器向 DNS（Domain Name System，域名系统）服务器发出请求，经过解析，将发送给浏览器的 HTML、JS、CSS 等文件解析出来，便成了百度内容。

11.1.2 爬取流程

网络爬虫一般有爬取、解析、存储三个主要步骤，具体如下。

步骤 1：爬取。

爬取是指获取网页的源代码，Python 提供了 urllib、requests 等库实现。

步骤 2：解析。

解析是指从网页源代码中提取有用的信息。一般有如下方法。

方法 1：采用正则表达式。

方法 2：由于网页具有规则的结构，可以利用 Beautiful Soup、pyquery、lxml 等库提取网页节点属性、CSS 选择器等网页信息。

步骤 3：存储。

存储是指将提取到的数据保存到某处，以便后续处理和分析，可以保存为 TXT 文本或 JSON 文本，也可以保存到 MySQL 和 MongoDB 等数据库。

11.2 爬取网页

Python 提供了 urllib、requests 等库实现网络爬虫的爬取功能。

11.2.1 urllib 库

Python2 提供 urllib 和 urllib2 两个库实现请求的发送。Python 3 将其统一为 urllib 库，实

现各种 HTTP 请求，其官方文档链接为：https://docs.python.org/ 3/library/urllib.html。

urllib 具备以下模块。

- urllib.request：用来打开和读取 URLs。
- urllib.error：对于 urllib.request 产生的错误，使用 try 进行捕捉处理。
- urllib.parse：用于解析 URLs 的方法。
- urllib.robotparser：用于测试爬虫是否可以下载一个页面。

【例 11-1】 urllib 举例。

```
import urllib.request
file=urllib.request.urlopen('http://www.baidu.com')
data=file.read()                          #读取全部
dataline=file.readline()                  #读取一行内容
fhandle=open("d:/1.html","wb")            #将爬取的网页保存在 d:盘
fhandle.write(data)
fhandle.close()
```

11.2.2 requests 库

在处理网页验证和 Cookies 时，requests 更为方便。在 Anaconda Prompt 下使用命令：pip install requests 进行安装，如图 11-1 所示。

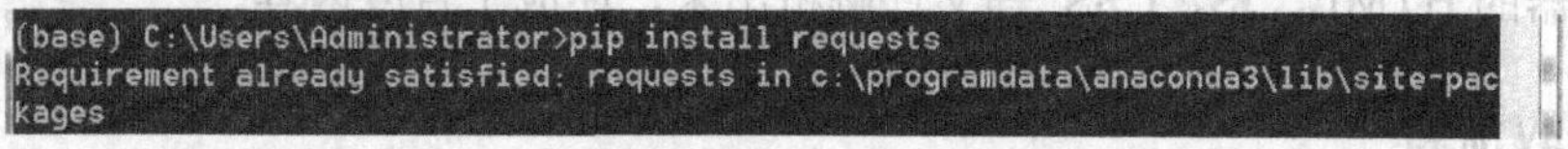

图 11-1 安装 requests 库

requests.request()构造一个请求，支持以下各种方法，如表 11-1 所示。

表 11-1 requests 库的主要方法

方 法	解 释
requests.get()	获取 html 的主要方法
requests.head()	获取 html 头部信息的主要方法
requests.post()	向 html 网页提交 post 请求的方法
requests.put()	向 html 网页提交 put 请求的方法
requests.patch()	向 html 提交局部修改的请求的方法
requests.delete()	向 html 提交删除请求的方法

【例 11-2】 requests 库举例。

```
import requests
r = requests.get(url='http://www.meijutt.com/new100.html')    # 最基本的 get 请求
print(r.status_code)                                           # 获取返回状态
print(r.url)
print(r.text)                                                  # 打印解码后的返回数据
```

输入“美剧天堂”的地址：http://www.meijutt.com/new100.html，爬得网页的 HTML 代码，如图 11-2 所示。

```
200
http://www.meijutt.com/new100.html
<!DOCTYPE html PUBLIC "-//W3C//DTD XHTML 1.0 Transitional//EN" "http://www.w3.org/TR/xhtml1/
DTD/xhtml1-transitional.dtd">
<html xmlns="http://www.w3.org/1999/xhtml"><head><meta http-equiv="Content-Type"
content="text/html; charset=gbk" /><title>×î¾ü¸üÐÂµÄÃÀ¾ç-ÃÀ¾çÌìÌÃ</title><meta http-
equiv="X-UA-Compatible" content="IE=EmulateIE8" /><link href="/template/meijutt/images/
meijutt.css" rel="stylesheet" type="text/css" /><link href="/template/meijutt/images/
common.css" rel="stylesheet" type="text/css" /><link rel="shortcut icon" href="favicon.ico"
/><script>var sitePath=''</script><script src="/js/jquery.min.js"></script><script
type="text/javascript" src="/template/meijutt/js/history.js"></script><script type="text/
javascript" src="/js/uaredirect.js"></script></head><body><div class="menuBoxbg"><div
class="menuBox"><em class="newlogo"><a href="/"><img src="/template/meijutt/images/logo.png"
```

图 11-2　程序运行效果

11.3　解析信息

对于爬取的数据，Python 提供了正则表达式、beautifulsoup4、selenium_phantomjs等库提取所需的信息。

11.3.1　正则表达式

判断一个字符串中是否包含合法的 Email 地址，虽然可以通过提取@前后的子串，分析其是否正确，但是这样做不但麻烦，而且代码也难以复用。因此，产生了正则表达式。

正则表达式，又称正规表示法、常规表示法，是指通过事先定义好的特定字符（“元字符”）组成的“规则字符串”，用来表达对字符串的一种过滤逻辑。凡是符合规则的字符串，认为“匹配”，否则，不“匹配”。采用正则表达式判断一个字符串是否包含合法的 Email，需要创建一个匹配 Email 的正则表达式，然后通过该正则表达式去判断。

1．元字符

正则表达式中的元字符如表 11-2 所示。

表 11-2　元字符

元字符	含　义	输入	输出
.	匹配任意字符	a.c	Abc
^	匹配开始位置	^abc	Abc
$	匹配结束位置	abc$	Abc
*	匹配前一个元字符 0 到多次	abc*	ab;abccc
+	匹配前一个元字符 1 到多次	abc+	abc;abccc
?	匹配前一个元字符 0 到 1 次	abc?	ab;abc
{}	{m}匹配前一个字符 m 次，{m,n}匹配前一个字符 m 至 n 次，若省略 n，则匹配 m 至无限次	ab{1,2}c	abc abbc
[]	字符集。对应的位置可以是字符集中任意字符。字符集中的字符可以逐个列出，也可以给出范围，如[abc]或[a-c]。[^abc]表示取反，即非 abc	a[bcd]e	abe ace ade

（续）

元字符	含　义	输入	输出
|	逻辑表达式 或	abc|def	abc def
()	匹配括号中任意表达式	(abc){2} a(123|456)c	abcabc a456c
\A	匹配字符串开始位置，同^	\Aabc	Abc
\Z	只在字符串结尾进行匹配	abc\Z	Abc
\b	匹配位于单词开始或结束位置的空字符串	\babc\b a\b!bc	空格 abc 空格 a!bc
\B	匹配不位于单词开始或结束位置的空字符串	a\Bbc	Abc
\d	匹配一个数字， 相当于 [0-9]	a\dc	a1c
\D	匹配非数字，相当于 [^0-9]	a\Dc	Abc
\w	匹配数字、字母、下划线中任意一个字符，相当于 [a-z A-Z 0-9_]	a\wc	Abc
\W	匹配非数字、字母、下划线中的任意字符，相当于 [^a-z A-Z 0-9_]	a\Wc	a c

2．函数

Python 的 re 模块提供了 compile()、match()、search()、replace()、split()等函数，如下所示。

（1）compile()函数

功能：编译一个正则表达式语句，并返回编译后的正则表达式对象。

compile ()函数格式如下所示。

```
re.compile(string[,flags])
```

参数说明：

- string：要匹配的字符串。
- flags：标志位，用于控制正则表达式的匹配方式，如是否区分大小写等。

【例 11-3】 compile()举例。

```
>>>import re
>>> s = "this is a python test"
>>> p = re.compile('\w+')                    #编译正则表达式，获得其对象
>>> res = p.findall(s)                       #用正则表达式对象去匹配内容
>>> print(res)
['this', 'is', 'a', 'python', 'test']
```

（2）findall()函数

功能：用于匹配所有符合规律的内容，返回包含结果的列表。

findall()函数格式如下所示。

```
re.findall(pattern, string[, flags])
```

参数说明：

- pattern：匹配的正则表达式。

【例 11-4】 findall()举例。

```
>>>import re
>>>p = re.compile(r'\d+')
>>>print(p.findall('o1n2m3k4'))
['1', '2', '3', '4']
```

（3）search() 函数

功能：用于匹配并提取第一个符合规则的内容，返回一个正则表达式对象。

search()函数格式如下所示。

```
re.search(pattern, string[, flags])
```

【例 11-5】 search 举例。

```
>>>import re
>>>a = "123abc456"
>>> print(re.search("([0-9]*)([a-z]*)([0-9]*)",a).group(0))
123abc456
>>>print(re.search("([0-9]*)([a-z]*)([0-9]*)",a).group(1))
123
>>>print(re.search("([0-9]*)([a-z]*)([0-9]*)",a).group(2))
abc
>>>print(re.search("([0-9]*)([a-z]*)([0-9]*)",a).group(3))
456
```

【解析】 group() 返回 re 整体匹配的字符串，可以一次输入多个组号，对应组号匹配的字符串。group(1) 列出第一个括号匹配部分，group(2) 列出第二个括号匹配部分，group(3) 列出第三个括号匹配部分。

（4）finditer() 函数

功能：用于搜索 string，返回一个顺序访问每一个匹配结果的迭代器。

finditer() 函数格式如下所示。

```
re.finditer(pattern, string[, flags])
```

【例 11-6】 finditer()举例。

```
import re
pattern = re.compile(r'\d+')
iter=re.finditer(pattern,'one1two2three3four4')
for i in iter:
    print(i)
    print(i.group())
print(i.span())
```

【运行结果】

```
<_sre.SRE_Match object; span=(3, 4), match='1'>
```

```
1
(3, 4)
<_sre.SRE_Match object; span=(7, 8), match='2'>
2
(7, 8)
<_sre.SRE_Match object; span=(13, 14), match='3'>
3
(13, 14)
<_sre.SRE_Match object; span=(18, 19), match='4'>
4
(18, 19)
```

（5）match()函数

功能：从字符串的开头开始匹配一个模式，如果成功，返回对象，否则返回 None。match()函数格式如下所示。

```
re.match(pattern, string[, flags])
```

【例 11-7】 match()举例。

```
>>>import re
>>>print(re.match('www', 'www.runoob.com').span())          # 在起始位置匹配
(0,3)
>>>print(re.match('com', 'www.runoob.com'))                 # 不在起始位置匹配
None
```

（6）replace()函数

功能：用于执行查找并替换的操作，将正则表达式匹配到的字串，用字符串替换。replace()函数格式如下所示。

```
str.replace(regexp, replacement)
```

【例 11-8】 replace()举例。

```
>>> str = "javascript";
>>>str.replace('javascript','JavaScript');        # 将字符串 javascript 替换为 JavaScript
'JavaScript'
>>>str.replace('a', 'b');                          # 将所有的字母 a 替换为字母 b，返回 jbvbscript
Jbvbscript
```

（7）split()函数

功能：用于分割字符串，用给定的正则表达式进行分割，分割后返回结果列表。split()函数格式如下所示。

```
re.split(pattern, string[, maxsplit, flags])
```

【例 11-9】 split()举例。

1）只传一个参数，默认分割整个字符串。

```
>>>str ="a,b,c,d,e";
>>>str.split(',');
 ["a", "b", "c", "d", "e"]
```

2）传入两个参数，返回限定长度的字符串。

```
>>>str ="a,b,c,d,e";
>>>str.split(',',3);
["a", "b", "c"]
```

3）使用正则表达式匹配，返回分割的字符串。

```
>>>str = "aa44bb55cc66dd";
>>>print(re.split('\d+',str) )
["aa","bb","cc","dd"]
```

（8）sub()函数

功能：使用 re 替换 string 中每一个匹配的子串后返回替换后的字符串。

sub() 函数格式如下所示。

```
re.sub(regexp, string)
```

【例 11-10】 sub()举例。

```
>>>import re
>>>s='123abcssfasdfas123'
>>>a=re.sub('123(.*?)123','1239123',s)
>>>print(a)
1239123
```

re 模块的函数如表 11-3 所示。

表 11-3 re 模块的函数

函　数	描　述
compile( )	根据包含正则表达式的字符串创建模式对象
findall( )	列出字符串中模式的所有匹配项
search( )	在字符串中寻找模式
match( )	在字符串的开始处匹配模式
split()	根据模式的匹配项来分割字符串
sub()	将字符串中所有匹配项替换

11.3.2 BeautifulSoup 库

由于构造正则表达式比较复杂且容易出错，因此产生了 BeautifulSoup 库。BeautifulSoup 提供函数处理网页的导航、搜索、修改分析树等功能，用于解析文档。

在 Anaconda Prompt 下使用命令：pip install beautifulsoup4 安装，如图 11-3 所示。

图 11-3　安装 BeautifulSoup 库

lxml 作为 BeautifulSoup 库解析器。在 Anaconda Prompt 下使用命令：pip install lxml 安装，如图 11-4 所示。

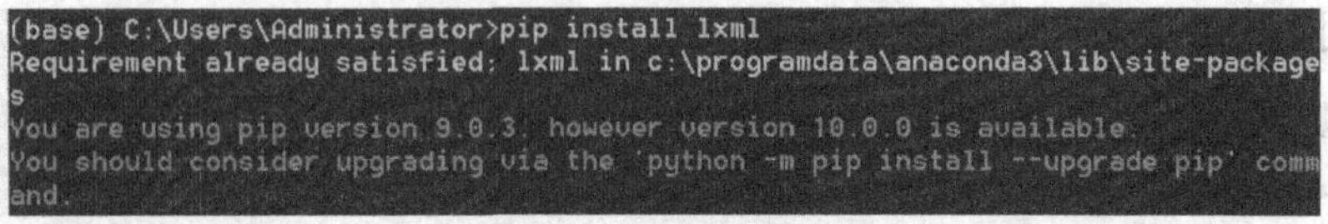

图 11-4　安装 lxml 库

BeautifulSoup 的基本元素包含在标签树中，如图 11-5 所示。

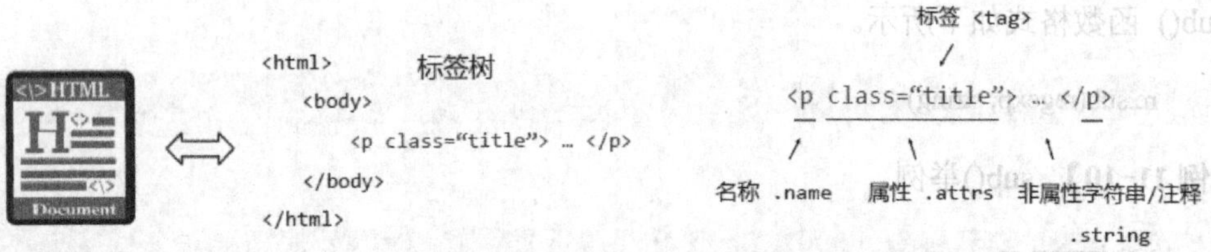

图 11-5　网页与标签树的对应关系

在 D:\下创建一个名为 soup_test.htm 的文件，内容如下所示。

```
html = """
<html><head><title>The Dormouse's story</title></head>
<body>
<p class="title" name="dromouse"><b>The Dormouse's story</b></p>
<p class="story">Once upon a time there were three little sisters; and their names were
<a href="http://example.com/elsie" class="sister" id="link1"><!-- Elsie --></a>,
<a href="http://example.com/lacie" class="sister" id="link2">Lacie</a> and
<a href="http://example.com/tillie" class="sister" id="link3">Tillie</a>;
and they lived at the bottom of a well.</p>
<p class="story">...</p>
"""
```

代码如下所示。

```
from bs4 import BeautifulSoup
soup = BeautifulSoup(open('d:/soup_test.htm'), “lxml”)
print(soup.prettify())        #内置的方法 prettfy()来实现格式化输出
```

程序运行结果如图 11-6 所示。

```
>>> from bs4 import BeautifulSoup
>>> soup = BeautifulSoup(open('d:/soup_test.htm'))
>>> print(soup.prettify())
<html>
 <body>
  <p>
   html = """
  </p>
  <title>
   The Dormouse's story
  </title>
  <p class="title" name="dromouse">
   <b>
    The Dormouse's story
   </b>
  </p>
  <p class="story">
   Once upon a time there were three little sisters; and their names were
   <a class="sister" href="http://example.com/elsie" id="link1">
    <!-- Elsie -->
   </a>
   ,
   <a class="sister" href="http://example.com/lacie" id="link2">
    Lacie
   </a>
   and
   <a class="sister" href="http://example.com/tillie" id="link3">
    Tillie
   </a>
   ;
and they lived at the bottom of a well.
  </p>
  <p class="story">
   ...
  </p>
  """
 </body>
</html>
```

图 11-6　程序运行结果

BeautifulSoup 的基本元素如表 11-4 所示。

表 11-4　BeautifulSoup 的基本元素

基 本 元 素	说　明
Tag	标签，最基本的信息组织单元，分别用<>和</>标明开头和结尾
Name	标签的名字，<p>…</p>的名字是'p'，格式：<tag>.name
Attributes	标签的属性，字典形式组织，格式：<tag>.attrs
NavigableString	标签内非属性字符串，<>…</>中字符串，格式：<tag>.string

（1）Tag 元素

使用方式：soup.<tag>

Tag 是指 HTML 中的标签，如 title、head、p 等，如图 11-7 所示。图 11-8 给出了 title 的类型。

```
>>> print(soup.title)
<title>The Dormouse's story</title>
>>> print(soup.head)
None
>>> print(soup.p)
<p>html = """
</p>
```

图 11-7　Tag 标签

（2）Name 元素

使用方式：<tag>.name。

其中，soup 对象本身比较特殊，其 name 为[document]。对于其他内部标签，输出标签的名称，如图 11-9 所示。

```
>>> print(type(soup.title))
<class 'bs4.element.Tag'>
```

图 11-8　title 的类型

```
>>> print(soup.name)
[document]
>>> print(soup.title.name)
title
```

图 11-9　name 元素

（3）Attributes 元素

使用方式：<tag>.attrs。

例如，把标签a 的所有属性输出，得到的类型是一个字典，如图 11-10 所示。

```
>>> print(soup.a.attrs)
{'href': 'http://example.com/elsie', 'class': ['sister'], 'id': 'link1'}
```

图 11-10　Attributes 元素

（4）NavigableString 元素

使用方式：<tag>.string。

例如，获取标签 b 内部的文字，如图 11-11 所示。

【例 11-11】 BeautifulSoup 举例。

在【例 11-2】中，采用 requests 库抓取的 http://www.meijutt.com/new100.html 网页输出的代码内容很多，为了方便找到抓取数据，可以采用 Chrome 浏览器的"开发者工具"：打开 URL，按〈F12〉，再按〈Ctrl+Shift+C〉，用鼠标单击所要抓取的内容，例如"剧集频道"，如图 11-12 所示，浏览器就在 html 中找到其对应位置，如图 11-13 所示。

```
>>> print(soup.b.string)
The Dormouse's story
>>> print(type(soup.b.string))
<class 'bs4.element.NavigableString'>
```

图 11-11　NavigableString 元素

图 11-12　要抓取的网页

采用 BeautifulSoup 提取数据，代码如下所示。

```
from urllib.request import urlopen
from bs4 import BeautifulSoup                               #导入 BeautifulSoup 对象
html =urlopen('http://www.meijutt.com/new100.html')         #打开 url ,获取 html 内容
bs_obj= BeautifulSoup(html.read(),'html.parser')            #把 html 内容传到 BeautifulSoup 对象
```

```
text_list=bs_obj.find_all("a","navmore")          #找到"class= navmore"的 a 标签
for text in text_list:
    print(text.get_text())                        #打印标签的文本
html.close()                                      #关闭文件
```

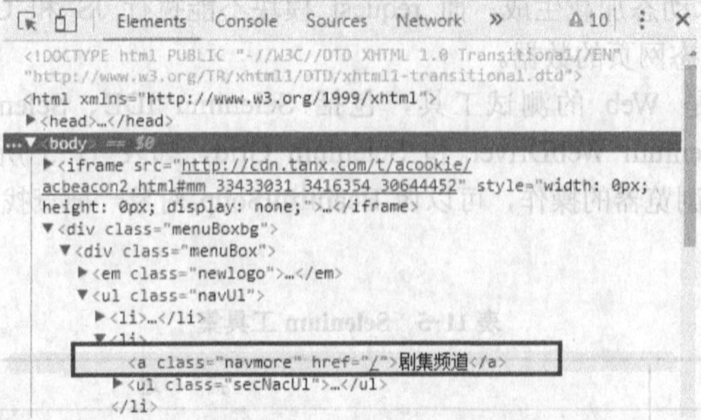

图 11-13　网页对应代码

11.3.3　selenium_phantomjs

【例 11-12】 爬取“网易云音乐”网站上播放数大于 500 万的歌单。

【实现步骤】 打开http://music.163.com/#/discover/playlist，如图 11-14 所示。

图 11-14　http://music.163.com/#/discover/playlist网页

采用 BeautifulSoup 提取播放数<span class="nb">3715</span>。

【代码如下所示】

```
from urllib.request import urlopen                          #导入 request 对象
from bs4 import BeautifulSoup                               #导入 BeautifulSoup 对象
html =urlopen('http://music.163.com/#/discover/playlist')   #打开 url ,获取 html 内容
bs_obj= BeautifulSoup(html.read(),'html.parser')            #把 html 内容传到 BeautifulSoup 对象
text_list=bs_obj.find_all("span","nb")                      #找到"class="nb"的 span 标签
```

```
for text in text_list:
    print(text.get_text())                    #打印 span 标签的文本
html.close()                                  #关闭文件
```

【解析】 运行结果为空，表示什么也没有爬取到。因为这是一个动态网页，其显示的内容由 JavaScript 技术动态加载生成，而 request 模块不能执行 JS 和 CSS 代码。一般采用 Selenium 框架抓取动态网页的数据。

Selenium 最初是 Web 的测试工具，包括 Selenimu IDE、Selenium Remote Control（Selenium RC）、Selenium WebDriver 和 Selenium Grid，如表 11-5 所示。其中，Selenium WebDriver 用于控制浏览器的操作，可以像 BeautifulSoup 对象一样查找页面元素，并与网页上的元素进行交互。

表 11-5 Selenium 工具集

工 具	描 述
Selenium IDE	一个 Firefox 插件，用于记录测试工作流程，以记录操作行为
Selenium RC	用于测试浏览器动作的执行
Selenium WebDriver	直接发送命令给浏览器，并检索结果
Selenium Grid	用于测试并行执行的工具

在 Anaconda Prompt 下使用命令：pip install selenium 安装 Selenium，如图 11-15 所示。

```
(base) C:\Users\zhou>pip install selenium
Collecting selenium
  Downloading https://files.pythonhosted.org/packages/5e/1f/6c2204b9ae14eddab615
c5e2ee4956c65ed533e0a9986c23eabd801ae849/selenium-3.11.0-py2.py3-none-any.whl (9
43kB)
```

图 11-15 安装 Selenium

Selenium 和 PhantomJS 一起使用，PhantomJS 可以用于网络监测、网页截屏，以及无界面测试等，其官方网站 http://phantomjs.org/下载，如图 11-16 所示。

图 11-16 PhantomJS 官方网站

将下载的可执行文件 phantomjs.exe 复制到 Python 的 Scripts 文件夹，如下所示。

```
C:\Python36-32\Scripts
```

采用 Chrome 的“开发者工具”〈F12〉得到歌单的第一页http://music.163.com/#/discover/playlist/?order=hot&cat=%E5%85%A8%E9%83%A8&limit=35&offset=0 的播放数 nb 标签，如图 11-17 所示。

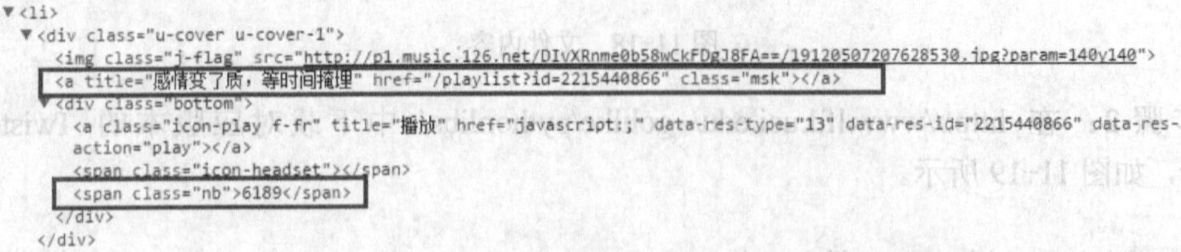

图 11-17　Chrome 的“开发者工具”〈F12〉得到播放数

代码如下所示。

```
from selenium import webdriver
import csv
url="http://music.163.com/#/discover/playlist/?order=hot&cat=%E5%85%A8%E9%83%A8&limit=35&
offset=0"
driver =webdriver.PhantomJS()
csv_file=open("playlist.csv","w",newline="")
writer =csv.writer(csv_file)
writer.writerow(['标题'，'播放数'，'链接'])
while url != 'javascript:void(0)':
    driver.get(url)
    driver.switch_to.frame("contentFrame")
    data =driver.find_element_by_id("m-pl-container").find_element_by_tag_name("li")
    for i in range(len(data)):
        nb=data[i].find_element_by_class_name("nb").text
        if '万' in   nb and int(nb.split("万")[0])   > 500:
            msk =data[i].find_element_by_css_selector("a.msk")
            writer.writerow([msk.get_attribute('title'),nb,msk.get_attribute('href')])
        url=driver.find_element_by_css_selector("a.zbtn.znxt").get_attribute('href')
csv_file.close()             #关闭文件
```

把这段代码保存为 get_data.py，然后运行。运行结束后，在程序的目录里生成了一个 playlist.csv 文件。

11.4　爬虫框架 Scrapy

本节介绍 Scrapy 的安装、导入，以及爬取的详细步骤。

11.4.1　Scrapy 简介

Scrapy 是一个为了爬取网站数据的应用框架，可以进行定制化爬取。在 Anaconda Prompt 下使用命令：pip　install Scrapy 进行安装，会给出错误提示。解决步骤如下。

步骤 1：运行 Python，执行 import platform 和 platform.architecture()语句，如图 11-18

所示。

```
>>> import platform
>>> platform.architecture()
('64bit', 'WindowsPE')
```

图 11-18 文件内容

步骤 2：在 http://www.lfd.uci.edu/~gohlke/pythonlibs/ 中下载对应版本的 Twisted 和 Scrapy，如图 11-19 所示。

Twisted, an event-driven networking engine.

Twisted-17.9.0-cp27-cp27m-win32.whl
Twisted-17.9.0-cp27-cp27m-win_amd64.whl
Twisted-17.9.0-cp34-cp34m-win32.whl
Twisted-17.9.0-cp34-cp34m-win_amd64.whl
Twisted-17.9.0-cp35-cp35m-win32.whl
Twisted-17.9.0-cp35-cp35m-win_amd64.whl
Twisted-17.9.0-cp36-cp36m-win32.whl
Twisted-17.9.0-cp36-cp36m-win_amd64.whl
Twisted-17.9.0-cp37-cp37m-win32.whl
Twisted-17.9.0-cp37-cp37m-win_amd64.whl

Scrapy-1.5.0-py2.py3-none-any.whl

图 11-19 下载 Twisted 和 Scrapy

步骤 3：利用 pip install 安装 wheel，如图 11-20 所示。

```
(base) C:\Users\Administrator>pip  install wheel
Requirement already satisfied: wheel in c:\programdata\anaconda3\lib\site-packag
es
You are using pip version 9.0.3, however version 10.0.0 is available.
You should consider upgrading via the 'python -m pip install --upgrade pip' comm
and.
```

图 11-20 安装 wheel

步骤 4：利用 pip install 安装带后缀.whl 的 Twisted 文件，如图 11-21 所示。

```
(base) C:\Users\Administrator>pip install d:\Twisted-17.9.0-cp36-cp36m-win_amd64
.whl
Processing d:\twisted-17.9.0-cp36-cp36m-win_amd64.whl
Requirement already satisfied: incremental>=16.10.1 in c:\programdata\anaconda3\
lib\site-packages (from Twisted==17.9.0)
```

图 11-21 安装带后缀.whl 的 Twisted 文件

步骤 5：利用 pip install Scrapy-1.5.0-py2.py3-none-any.whl 安装 Scrapy，如图 11-22 所示。

```
Installing collected packages: Scrapy
Successfully installed Scrapy-1.5.0
```

图 11-22 Scrapy 安装成功

至此，Scrapy 安装成功。

Scrapy 命令如图 11-23 所示。

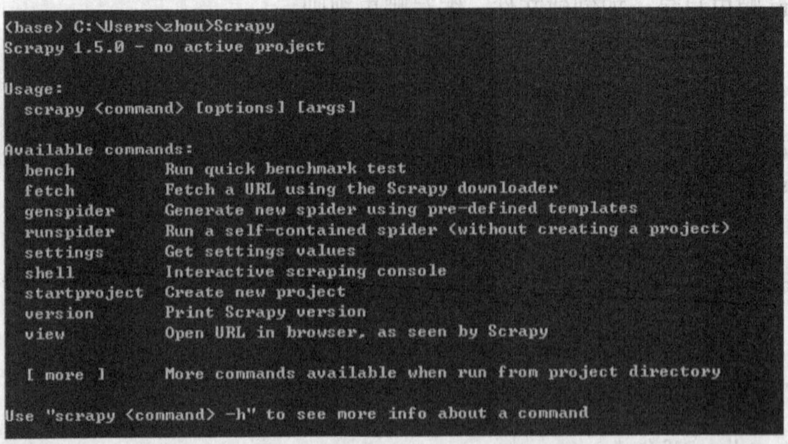

图 11-23 Scrapy 命令

11.4.2 爬取流程

下面，使用 Scrapy 框架爬取“美剧天堂（http://www.meijutt.com/new100.html）”的数据进行分析，爬取步骤如下。

步骤 1：创建一个 Scrapy 项目，如图 11-24 所示。

在 D:\movie 产生如图 11-25 所示的目录和文件。

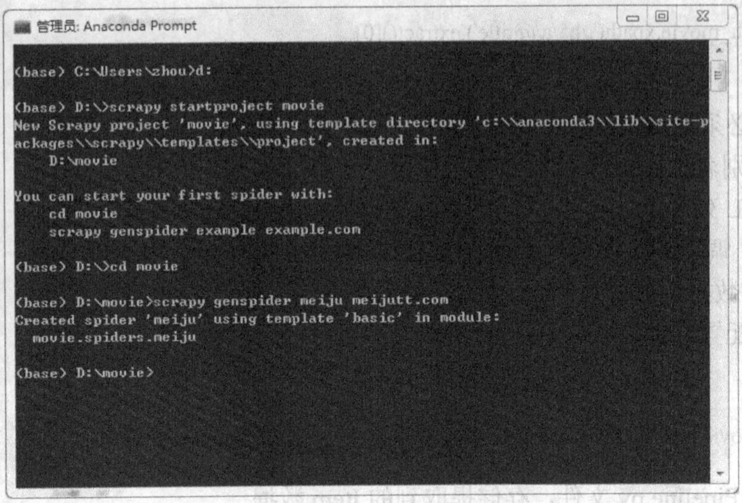

图 11-24 创建一个 Scrapy 项目

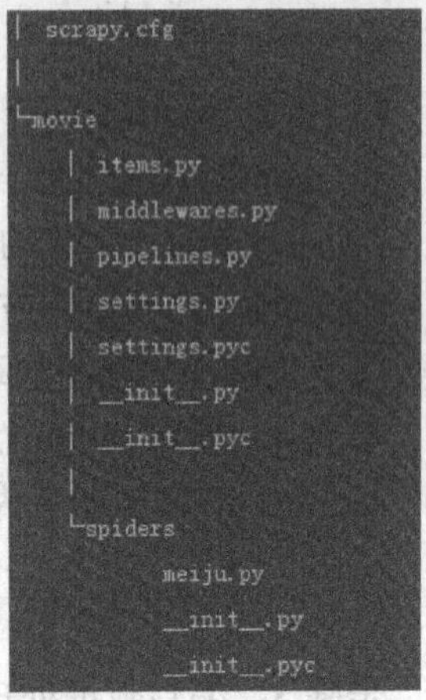

图 11-25 movie 的目录和文件

文件说明：

- scrapy.cfg 项目的配置信息，主要为 Scrapy 命令行工具提供一个基础的配置信息（真正爬虫相关的配置信息在 setting.py 文件中）。
- items.py 设置数据存储模板，用于保存抓取数据，其内容根据提取的数据而定义。

- pipelines.py 数据处理行为，如一般结构化的数据持久化。
- settings.py 爬虫相关配置文件，如递归的层数、并发数，延迟下载等。
- spiders 爬虫目录，如创建文件，编写爬虫规则。

步骤 2：设置数据存储模板，填写 item.py 文件。

items.py 内容如下所示。

```
import scrapy
class MovieItem(scrapy.Item):
    # define the fields for your item here like:
    # name = scrapy.Field()
    name = scrapy.Field()
```

步骤 3：编写爬取网站的 spider，填写 meiju.py 文件。

meiju.py 内容如下所示。

```
# -*- coding: utf-8 -*-
import scrapy
from movie.items import MovieItem
class MeijuSpider(scrapy.Spider):
    name = "meiju"
    allowed_domains = ["meijutt.com"]
    start_urls = ['http://www.meijutt.com/new100.html']
    def parse(self, response):
        movies = response.xpath('//ul[@class="top-list  fn-clear"]/li')
        for each_movie in movies:
            item = MovieItem()
            item['name'] = each_movie.xpath('./h5/a/@title').extract()[0]
            yield item
```

【解析】 MeijuSpider 类必须继承 scrapy.spider 类，三个属性如下所示。

1）name：爬虫的唯一识别名称。

2）start_urls：爬取的 URL 列表。

3）parse()：解析的方法，调用的时候传入从每一个 URL 传回的 Response 对象作为唯一参数，负责解析并匹配抓取的数据，解析为 item。

步骤 4：编写 settings.py 配置文件。

settings.py 增加如下内容。

```
ITEM_PIPELINES = {'movie.pipelines.MoviePipeline':100}
```

步骤 5：编写数据处理的 Pipeline.py 文件，存储提取到的 Item 数据。

pipelines.py 内容如下所示。

```
class MoviePipeline(object):
    def process_item(self, item, spider):
        with open("my_meiju.txt",'a') as fp:
            fp.write(item['name'].encode("utf8") + '\n')
```

11.5 综合比较

基于 urllib 方法，其匹配规则使用正则表达式，学习成本较高，且写出的表达式不易阅读。当目标内容唯一特征不易寻找时，编写正则表达式就会十分困难。

基于 BeautifulSoup 方法，其匹配规则使用 BeautifulSoup 模块提供的函数，学习成本较低，且写出的代码易阅读。

基于 Scrapy 方法，其匹配规则使用 xpath，使用较为简单，通过利用标签节点路径检索内容，代码易于阅读，编写难度较低。

因此，三种抓取方法综合比较如表 11-6 所示。

表 11-6　三种抓取方法比较

方　　法	编写难易程度	稳 定 性		运 行 速 度
		运　行　时	网页结构更改	
urllib	较难	较高	较弱	较快
Scrapy	简单	较高	一般	快
BeautifulSoup	较简单	较高	较好	较慢

第12章 数据库应用

本章首先介绍了关系型数据库、结构化查询语言等相关知识。其次，介绍了 Python 在内置 SQLite3 数据库和 MySQL 数据库中，对于数据进行增、删、改、查操作。最后，讲解了非关系型数据库 MongoDB 和对象关系映射框架 SQLAlchemy。

12.1 数据库概念

本节介绍了关系型数据库和结构化查询语言。

12.1.1 关系型数据库

数据库管理系统（Database Management System，DBMS），又称数据库，是按照数据结构来组织、存储和管理数据的仓库，用于管理数据并提供数据库服务的软件，如 Access、Sybase、SQL Server、Oracle、MySQL、SQLite 等。

数据库管理系统具有如下功能：

1）数据库定义功能（Data Definition Language，DDL）。使用数据定义语言生成和描述各种数据对象。

2）数据库操纵功能（Data Manipulation Language，DML）。使用数据操作语言用于对数据库进行检索、插入、删除、更新等数据操作。

3）数据库运行管理功能。DBMS 对数据库运行进行有效控制和管理，以确保数据正确有效。

4）数据库的建立和维护功能。实现数据库初始数据的装入，数据库的转储、恢复、重组织，系统性能监视、分析等功能。

5）数据库的传输。DBMS 提供处理数据的传输，实现用户程序与 DBMS 之间的通信，通常与操作系统协调完成。

关系型数据库通常由一个或多个被称为表格的对象组成。数据库中的所有数据或信息都被保存在这些数据库表格中。数据库中的每一个表格都具有自己唯一的表格名称，都是由行和列组成，其中每一列包括了该列名称、数据类型以及列的其他属性等信息，而行则具体包含某一列的记录或数据。

作为一个关系的二维表，必须满足以下条件：

1）表中每一列必须是基本数据项（即不可再分解）。

2）表中每一列必须具有相同的数据类型（如字符型或数值型）。

3）表中每一列的名字必须是唯一的。

4）表中不应有内容完全相同的行。

5）行的顺序与列的顺序不影响表格中所表示的信息的含义。

当前流行的数据库都是基于关系模型的关系数据库管理系统。关系模型认为世界由实体（Entity）和联系（Relationship）构成。实体是相互可以区别，具有一定属性的对象。联系是指实体之间的联系。联系一般分以下三种类型。

一对一（1:1）：实体集A中每个实体至多只与实体集B中一个实体相联系。反之亦然。例如，班级和班主任的关系，如图12-1a所示。

一对多（1:n）：实体集A中每个实体与实体集B中多个实体相联系，而实体集B中每个实体至多只与实体集A中一个实体相联系。例如，学生和班级的关系，如图12-1b所示。

多对多（m:n）：实体集A中每个实体与实体集B中多个实体相联系，反之，实体集B中每个实体也与实体集A中多个实体相联系。例如，学生和课程的关系，如图12-1c所示。

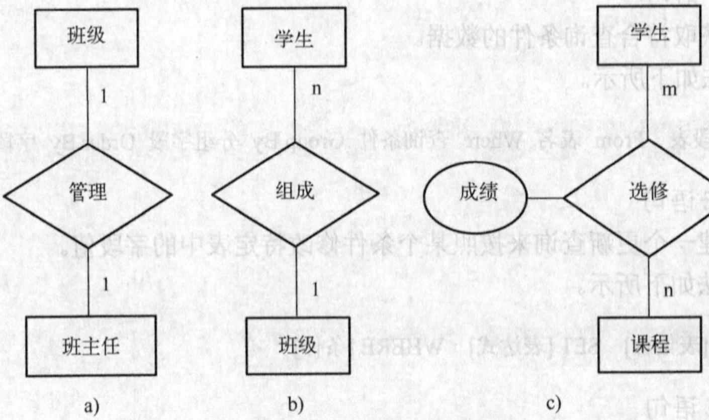

图12-1　联系的三种类型
a) 一对一　b) 一对多　c) 多对多

12.1.2　结构化查询语言

结构化查询语言（Structured Query Language，SQL）是操作数据库的工业标准语言，作为通用的、专门操作数据库的语言，SQL如表12-1所示。

表12-1　结构化查询语言

常用SQL命令	描　述
INSERT	往数据库表中插入记录
DELETE	从数据库表中删除记录
SELECT	在数据库中查找满足特定条件的记录
UPDATE	改变特定记录和字段的值
常用SQL命令子句	描　述
FROM	用来为从其中选定记录的表命名
WHERE	用来指定所选记录必须满足的条件
GROUP BY	用来把选定的记录分成特定的组
HAVING	用来说明每个组需要满足的条件
ORDER BY	用来按特定的次序将记录排序

（续）

合计函数	描　述
AVG	用来获得特定字段中的值的平均数
COUNT	用来返回选定记录的个数
SUM	用来返回特定字段中所有值的总和
MAX	用来返回指定字段中的最大值
MIN	用来返回指定字段中的最小值

下面，介绍关于 SQL 语言的四条命令。

（1）SELECT 语句

从数据库中获取符合查询条件的数据。

SELECT 语法如下所示。

```
Select 字段表 From 表名 Where 查询条件 Group By 分组字段 Order By 字段[Asc|Desc]
```

（2）UPDATE 语句

UPDATE 创建一个更新查询来按照某个条件修改特定表中的字段值。

UPDATE 语法如下所示。

```
UPDATE [表集合] SET [表达式] WHERE [条件]
```

（3）DELETE 语句

删除 FROM 子句中列出的、满足 WHERE 子句的一个或多个表中的记录。

DELETE 语法如下所示。

```
DELETE [表字段] FROM [表集合] WHERE [条件]
```

（4）INSERT 语句

向表中添加一条记录。

Insert 语法如下所示。

```
INSERT INTO 数据表名（字段名 1，字段名 2……） VALUES（数据 1，数据 2……）
```

12.2 SQLite

SQLite 是轻量级的数据库。从 Python2.5 版本开始，Python 的标准库中就有 SQLite3 模块。SQLite3 导入语法如下所示。

```
import sqlite3
```

12.2.1 连接对象和游标

Python 操作数据库，有如下两个对象，分别是数据库连接对象和游标。

（1）数据库连接对象（Connection）

打开数据库时返回 conn 对象是数据库连接对象，conn 参数如表 12-2 所示。

```
conn=sqlite3.connect(host,user,passwd,db)
```

表 12-2　conn 参数

参　数	含　义
host(str)	MySQL 服务器地址
user(str)	用户名
passwd(str)	密码
db(str)	数据库名称

connection 对象支持的方法如表 12-3 所示。

表 12-3　connection 对象支持的方法

方　法	含　义
cursor()	使用该连接创建并返回游标
commit()	提交当前事务
rollback()	回滚当前事务
close()	关闭连接

（2）游标（Cursor）

游标是数据库管理系统为用户开设的一个数据缓冲区，存放 SQL 语句的执行结果，每个游标区都有一个名字，用户可以用 SQL 语句逐一从游标中获取记录，进行操作处理。cursor 对象支持的方法如表 12-4 所示。

表 12-4　cursor 对象支持的方法

方　法	含　义
execute(op)	执行一个数据库的查询命令
fetchone()	取得结果集的下一行
fetchmany(size)	获取结果集的下几行
fetchall()	获取结果集中的所有行
rowcount()	返回数据条数或影响行数
close()	关闭游标对象

定义一个游标如下所示。

```
cursor=conn.cursor()
```

12.2.2　操作SQLite

【例 12-1】 在 SQLite 数据库中设计 book 和 category 两个表，其中，category 表用于记

录分类，book 表用于记录某本书的信息。一本书归属于某一个分类，一个分类包含多本书，两者是一对多的关系。所以 book 表有一个外键指向 category 表的主键 id，表的关系如图 12-2 所示。

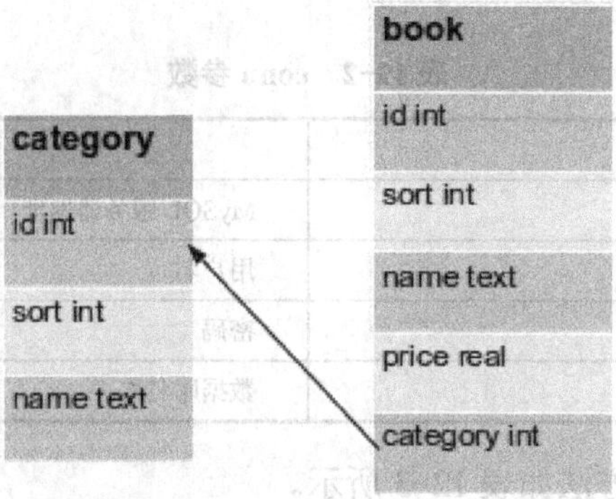

图 12-2　表的关系图

【创建数据库】

```
import sqlite3
conn = sqlite3.connect("d:/test.db")

c = conn.cursor()

# 创建表格
c.execute('''CREATE TABLE category(id int primary key, sort int, name text)''')
c.execute('''CREATE TABLE book
      (id int primary key,
        sort int,
        name text,
        price real,
        category int,
        FOREIGN KEY (category) REFERENCES category(id))''')

# 提交
conn.commit()

# 关闭连接
conn.close()
```

【插入数据】

```
import sqlite3
conn = sqlite3.connect("d:/test.db")
c     = conn.cursor()

books = [(1, 1, 'Cook', 3.12, 1),
     (2, 3, 'Python', 17.5, 2),
```

```
    (3, 2, 'OS', 13.6, 2),
]

# 执行插入命令
c.execute("INSERT INTO category VALUES (1, 1, 'kitchen')")
# 执行多条命令
c.executemany('INSERT INTO book VALUES (?, ?, ?, ?, ?)', books)

conn.commit()
conn.close()
```

【查询数据】

```
import sqlite3
conn = sqlite3.connect('d:/test.db')
c = conn.cursor()

# 查询一条记录
c.execute('SELECT name FROM category ORDER BY sort')
print(c.fetchone())

# 查询列表中所有记录
c.execute('SELECT * FROM book WHERE book.category=1')
print(c.fetchall())

for row in c.execute('SELECT name, price FROM book ORDER BY sort'):
print(row)
```

运行结果如下所示。

```
('kitchen',)
[(1, 1, 'Cook', 3.12, 1)]
('Cook', 3.12)
('OS', 13.6)
('Python', 17.5)
```

【修改删除数据】

```
conn = sqlite3.connect("d:/test.db")
c = conn.cursor()

# 修改记录
c.execute('UPDATE book SET price=? WHERE id=?',(1000, 1))
# 删除记录
c.execute('DELETE FROM book WHERE id=2')

conn.commit()
conn.close()
```

12.3 MySQL

MySQL 是使用最广泛的开源数据库服务器之一，具体操作如下。

12.3.1 安装 MySQL

在 MySQL 官方网址（https://dev.mysql.com/downloads/installer/）下载，如图 12-3 所示。

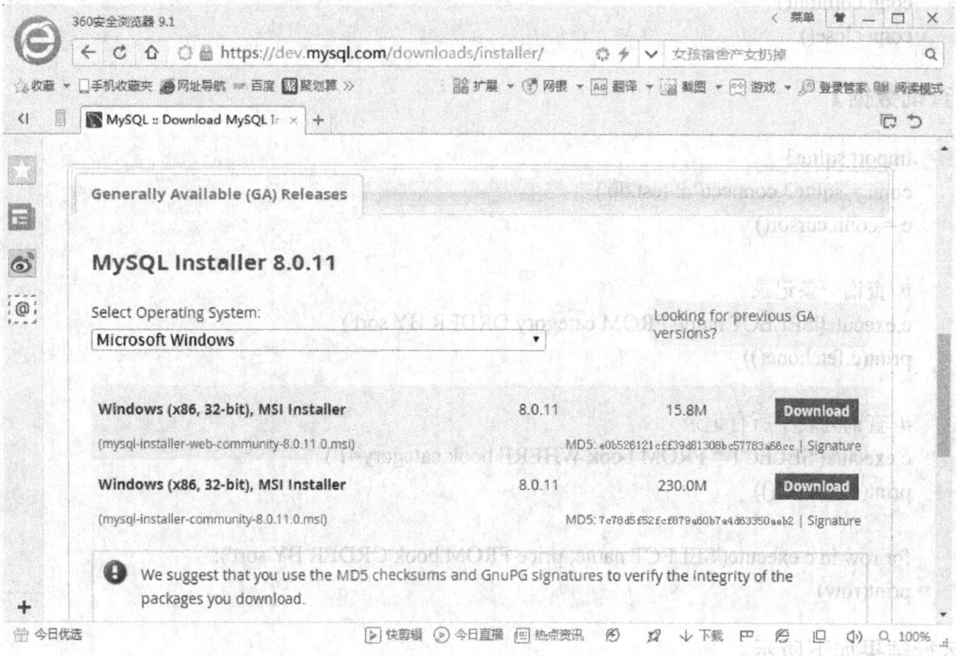

图 12-3　下载 MySQL

单击网页上的“No thanks, just start my download.”，如图 12-4 所示，下载 MySQL。

图 12-4　下载对应平台的 MySQL 版本

安装 MySQL，单击 Next，如图 12-5 所示。

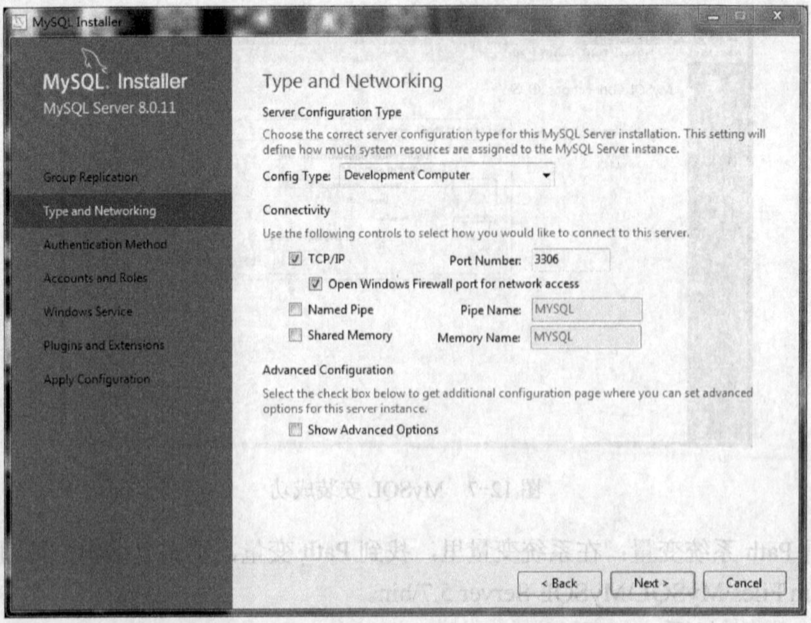

图 12-5　MySQL 默认端口 3306

设置用户密码，如图 12-6 所示。

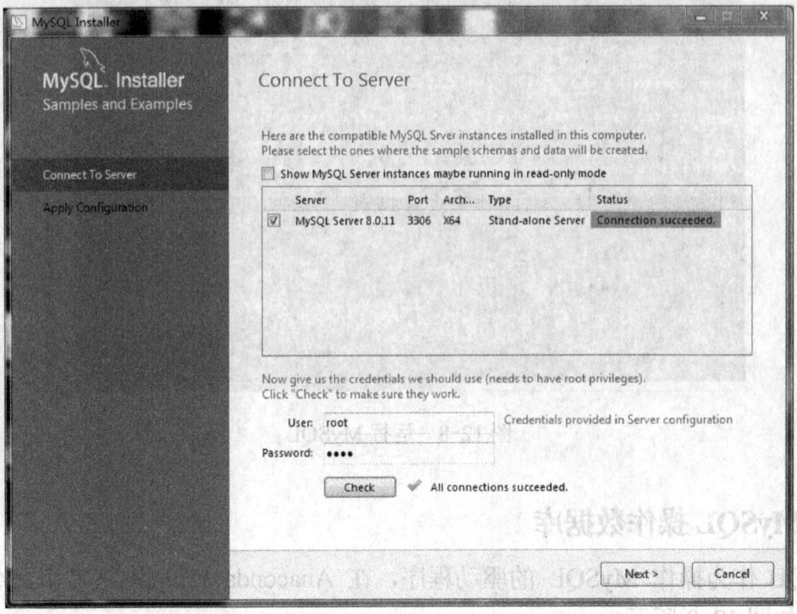

图 12-6　设置用户密码

MySQL 安装成功，如图 12-7 所示。

配置环境变量，需要设计如下两个变量：

1）新建 MYSQL_HOME 变量，并将值设置为 D:\Program Files\MySQL\MySQL Server 5.7。

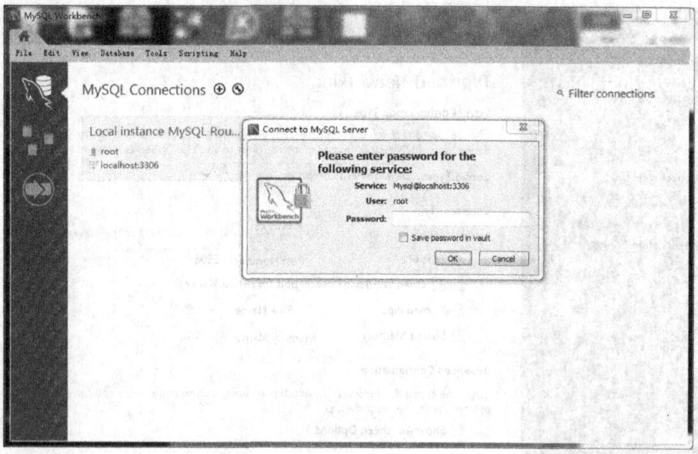

图 12-7　MySQL 安装成功

2）编辑 Path 系统变量：在系统变量里，找到 Path 变量，单击“编辑”按钮，将值设置为 D:\Program Files\MySQL\MySQL Server 5.7\bin。

运行 MySQL，如图 12-8 所示。

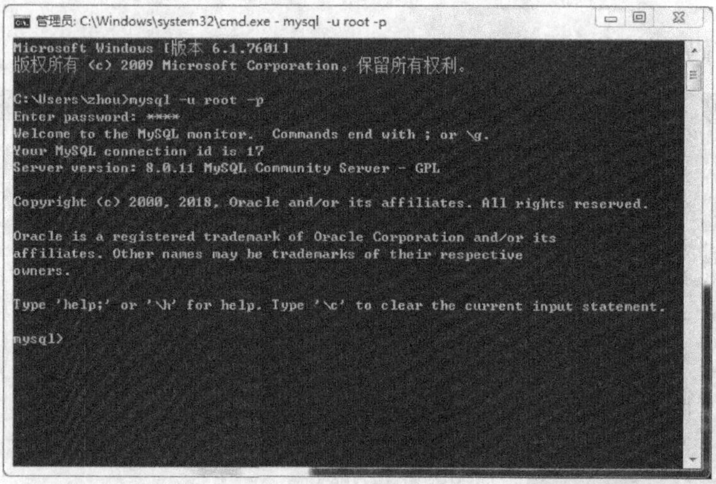

图 12-8　运行 MySQL

12.3.2　PyMySQL 操作数据库

PyMySQL 作为操作 MySQL 的驱动程序，在 Anaconda Prompt 下使用命令 pip install PyMySQL，如图 12-9 所示。

启动 MySQL，如图 12-10 所示。

创建一个名为 blog 的数据库，如图 12-11 所示。

【创建数据库表】

```
import pymysql
# 打开数据库连接
```

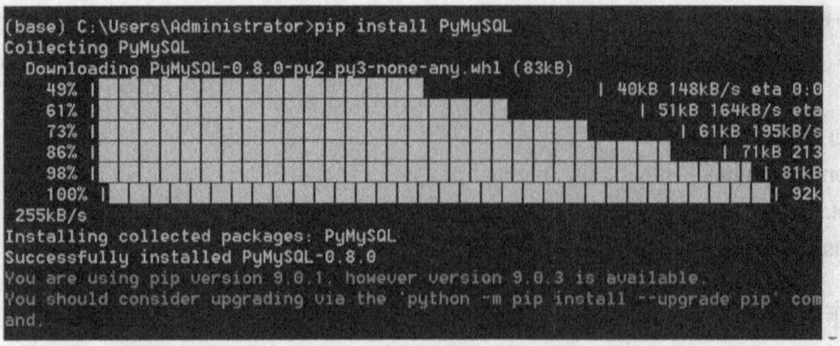

图 12-9 安装 PyMySQL

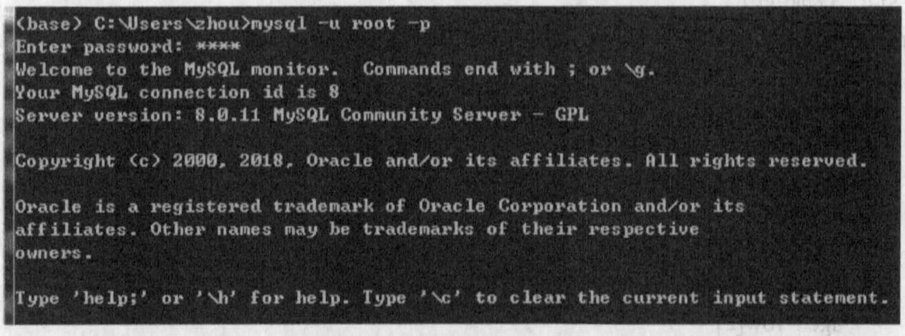

图 12-10 启动 MySQL

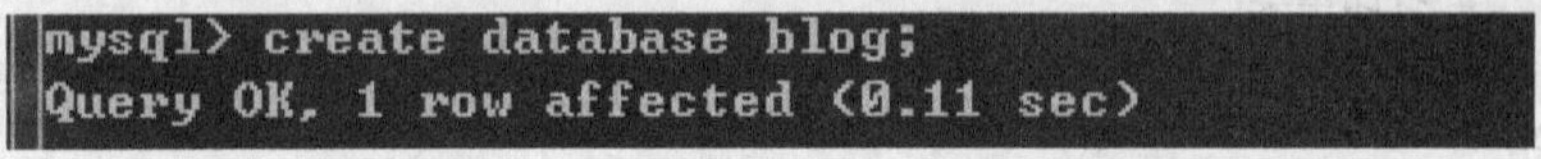

图 12-11 创建一个名为 blog 的数据库

```
conn = pymysql.connect(host='localhost', port=3306, user='root', passwd=' ', db='blog', charset='utf8')
cursor = conn.cursor()              # 使用 cursor() 方法创建一个游标对象 cursor
 # 使用 execute() 方法执行 SQL，如果表存在则删除
cursor.execute("DROP TABLE IF EXISTS EMPLOYEE")
 # 使用预处理语句创建表
sql = """CREATE TABLE EMPLOYEE (
         FIRST_NAME   CHAR(20) NOT NULL,
         LAST_NAME   CHAR(20),
         AGE INT,
         SEX CHAR(1),
         INCOME FLOAT )"""
cursor.execute(sql)                 # 执行 SQL 语句
conn.commit()                       # 提交，不然无法保存新建或者修改的数据
cursor.close()                      # 关闭游标
conn.close()                        # 关闭数据库连接
```

【插入操作】

使用 INSERT 语句向表 EMPLOYEE 插入记录。

```
# SQL 插入语句
```

```
sql = """INSERT INTO EMPLOYEE(FIRST_NAME, LAST_NAME, AGE, SEX, INCOME)
         VALUES ('Mac', 'Mohan', 20, 'M', 2000)"""
try:
    cursor.execute(sql)
    conn.commit()
except:
    conn.rollback()
```

【查询操作】

查询 EMPLOYEE 表中 salary（工资）字段大于 1000 的所有数据。

```
# SQL 查询语句
sql = "SELECT * FROM EMPLOYEE    WHERE INCOME > '%d'" % (1000)
try:
    cursor.execute(sql)
    #将所有查询结果返回为元组
    results = cursor.fetchall()
    for row in results:
        fname = row[0]
        lname = row[1]
        age = row[2]
        sex = row[3]
        income = row[4]
         # 打印结果
        print ("fname=%s,lname=%s,age=%d,sex=%s,income=%d" % (fname, lname, age, sex, income ))
except:
    print ("Error: unable to fetch data")
```

【更新操作】

实现 EMPLOYEE 表中的 SEX 字段全部修改为'M'，AGE 字段递增 1 的操作。

```
# SQL 更新语句
sql = "UPDATE EMPLOYEE SET AGE = AGE + 1 WHERE SEX = '%c'" % ('M')
try:
    cursor.execute(sql)
    conn.commit()
except:
    conn.rollback()
```

【删除操作】

删除数据表 EMPLOYEE 中 AGE 大于 20 的所有数据。

```
# SQL 删除语句
sql = "DELETE FROM EMPLOYEE WHERE AGE > '%d'" % (20)
try:
    cursor.execute(sql)
    conn.commit()
except:
```

```
conn.rollback()
```

12.4 MongoDB

MongoDB 是非关系数据库，支持类似 json 的数据结构，存储较为复杂的数据类型。

12.4.1 安装 MongoDB

在 MongoDB 官方网址 https://www.mongodb.com/download-center?jmp=nav#community 下载 mongodb-win32-x86_64-2008plus-ssl-3.6.4-signed 文件，双击安装 D:\mongodb，如图 12-12 所示。

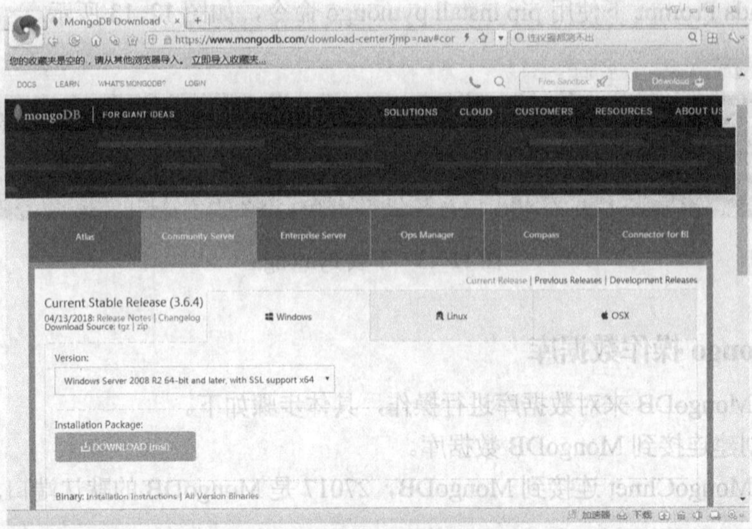

图 12-12　下载 MongoDB

进入 MongoDB 的 bin 目录中，执行 mongod.exe 文件，如下所示。

```
d:\mongodb\bin\mongod --dbpath d:\data\db
```

步骤 1：连接 MongoDB。

在命令窗口中运行 mongo.exe 命令即可连接上 MongoDB，执行如下命令：

```
d:\mongodb\bin\mongo.exe
```

步骤 2：配置 MongoDB 服务。

1）创建目录，执行下面的语句来创建数据库和日志文件的目录。

```
mkdir d:\data\db
mkdir d:\data\log
```

2）创建配置文件 D:\mongodb\mongod.cfg，其中指定 systemLog.path 和 storage.dbPath。内容如下：

```
systemLog:
    destination: file
    path: d:\data\log\mongod.log
storage:
    dbPath: d:\data\db
```

步骤 3：安装 MongoDB 服务。

```
d:\mongodb\bin\mongod.exe --config "d:\mongodb\mongod.cfg" –install
```

步骤 4：启动 MongoDB 服务。

```
net start MongoDB
```

在 Anaconda Prompt 下使用 pip install pymongo 命令，如图 12-13 所示。

图 12-13　下载 Pymongo

12.4.2 Pymongo 操作数据库

下面使用 MongoDB 来对数据库进行操作，具体步骤如下。

步骤 1：创建连接到 MongoDB 数据库。

建立一个 MongoClinet 连接到 MongoDB，27017 是 MongoDB 的默认端口。

```
>>>from pymongo import MongoClient
>>>client = MongoClient('localhost',27017)
```

步骤 2：创建数据库。

```
#使用 blog 数据库
>>>db = client.blog
```

步骤 3：插入数据。

insert_one()和 insert_many()方法将单条与多条记录分开，插入 post 数据到 blog 数据库。

```
>>>post = {"author":"admin",
"text":"Python is good! ",
"tags":1,
"age":20}
    >>>posts = db.posts
    >>>posts.insert_one(post)
```

步骤 4：查询数据。

利用 find_one()和 find()方法进行查询，find_one()得到单个结果，find()返回多个结果。

```
>>>result = posts.find_one({"author":"admin"})
>>>print(result)
```

它的返回结果为：

```
{"_id": ObjectId("5ad6a0e8c99984103cac494a"), "author":"admin","text":"Python is good! ", "tags": 1,
"age":20}
```

在插入数据时，为数据添加了一条"_id"属性，用于在数据库中的唯一标识。

```
#查询出所有年龄大于 20 的数据
>>>results = posts.find({'age': {'$gt': 20}})
#对查询出的数据进行计数
    >>>count = posts.find({'age': 20}).count()
>>>print(count)
#对查询出的数据进行排序，ASCENDING 为升序，DESCENDING 为降序
    >>>results = posts.find().sort('name', pymongo.ASCENDING)
```

步骤 5：更新数据。
数据更新可以使用 update_one()和 update_many()方法。

```
>>>db.posts.update_one({"author":"Mike"},{"$set":{"age":30}})
```

步骤 6：删除数据。
使用 remove(),delete_one(),delete_many()方法即可。

```
>>>posts.remove({'author': 'Mike'})
```

remove()会删除所有符合条件的数据。

```
>>>posts.delete_one({'author': 'Mike'})
```

delete_one()会删除第一条符合条件的数据。

```
>>>posts.delete_one({'age':{ '$lt':25}})
```

delete_many()删除所有符合条件的数据，返回的结果是 DeleteResult 类型。

12.5 SQLAlchemy

本节简要地介绍 SQLAlchemy 的安装，以及操作流程。

12.5.1 SQLAlchemy 引入

数据库二维表的内容可以用 list 表示多行，list 的每一个元素是 tuple，表示一行记录。比如，包含 username 和 password 的 user 表如下所示。

```
[
      ('zhou', '123'),
      ('wang', '456'),
      ('huang', '789')
]
```

但是用 tuple 表示一行很难看出表的结构。如果把一个 tuple 用 class 实例来表示，就可以更容易地看出表的结构来，如下所示。

```
class User(object):
      def __init__(self, username,password):
            self. username = username
            self. password = password


[
User ('zhou', '123'),
      User ('wang', '456'),
      User ('huang', '789')
]
```

这就是对象关系映射（Object-Relational Mapping，ORM）技术，把关系数据库的表结构映射到对象上，使得操作数据库中的表或者表中的一条记录可以直接通过操作类或者类实例来完成。在 Python 中，最有名的 ORM 框架是 SQLAlchemy。

12.5.2 SQLAlchemy 操作流程

在 Anaconda Prompt 下使用命令 pip install sqlalchemy，如图 12-14 所示。

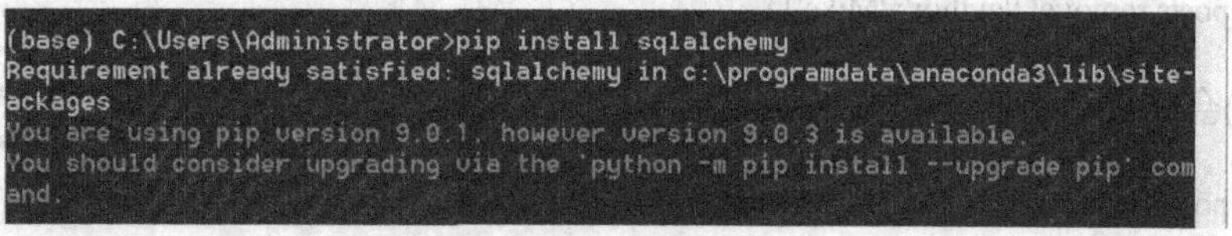

图 12-14 安装 SQLAlchemy

SQLAlchemy 使用对象关系映射系统来进行数据库操作，具体实现步骤如下。

步骤 1：创建引擎，导入 SQLAlchemy，并初始化 DBSession。

步骤 2：创建映射关系对象类，使用 declarative_base()函数来创建基类。

步骤 3：创建 session 并绑定引擎，session 使用 ORM 来操作持久化的接口。

步骤 4：操作数据库。

步骤 5：提交数据。

代码如下所示。

```
# 导入 SQLAlchemy
from sqlalchemy import Column, String, create_engine
from sqlalchemy.orm import sessionmaker
from sqlalchemy.ext.declarative import declarative_base
```

```
# 创建对象的基类:
Base = declarative_base()

# 定义 User 对象:
class User(Base):
    # 表的名字:
    __tablename__ = 'user'

    # 表的结构:
    id = Column(String(20), primary_key=True)
    name = Column(String(20))

# 初始化数据库连接，连接 MySQL 的 test 数据库
engine = create_engine('mysql+mysqlconnector://root:password@localhost:3306/test')
# 创建 DBSession 类型:
DBSession = sessionmaker(bind=engine)
```

有了 ORM，向数据库表中添加一行记录，可以视为添加一个 User 对象，如下所示。

```
# 创建 session 对象:
session = DBSession()
# 创建新 User 对象:
new_user = User(id='5', name='Bob')
# 添加到 session:
session.add(new_user)
# 提交即保存到数据库:
session.commit()
# 关闭 session:
session.close()
```

第 13 章　Web 开发

采用 Web 应用框架（Web Application Framework）可以快速地实现 Web 动态网站、网络应用程序及网络服务的开发。本章就 Web 开发进行了简要介绍，重点讲解了 web2py、Django、Flask 等 Web 开发框架。

13.1　Web 开发简介

本节介绍 Web 开发的历程，以及 MVC 设计模式。

13.1.1　Web 开发历程

最早的软件都是运行在大型计算机上，后来 PC 兴起，软件开始主要运行在桌面上，而数据库运行在服务器端，产生了 CS（Client/Server）模式。随着互联网的兴起，BS（Browser/Server）模式开始流行，客户端只需要浏览器，应用程序的逻辑和数据都存储在服务器端。浏览器只需要请求服务器，获取 Web 页面，并把 Web 页面展示给用户。

Web 应用开发经历了如下几个阶段。

- 静态 Web 页面：由文本编辑器直接编辑并生成静态的 HTML 页面，如果要修改 Web 页面的内容，就需要再次编辑 HTML 源文。静态信息资源通过超文本标记语言（HTML）描述信息资源，通过统一资源标识符（URI）定位信息资源，通过超文本转移协议（HTTP）请求信息资源。HTML、URL 和 HTTP 三个规范构成了 Web 的核心体系结构，是支撑着 Web 运行的基石。
- CGI：由于静态 Web 页面无法与用户交互，比如用户填写了一个注册表单，静态 Web 页面就无法处理。要处理用户发送的动态数据，出现了 Common Gateway Interface，简称 CGI，用 C/C++编写。Web 服务器可以通过 CGI 执行外部程序，让外部程序根据 Web 请求内容生成动态的内容。
- ASP/JSP/PHP：Web 应用特点是修改频繁，而 C/C++非常不适合 Web 开发，因此产生了脚本语言取代了 CGI 模式。ASP 是微软推出的用 VBScript 脚本编程的 Web 开发技术，JSP 用 Java 来编写脚本，PHP 是开源的脚本语言。
- MVC：当前 Web 应用开发使用 MVC 开发框架，MVC 是 Model、View 和 Control 的缩写，用于解决用脚本语言嵌入 HTML 导致的可维护性差的问题，从而简化 Web 开发。

13.1.2　MVC 设计模式

MVC 开发框架体现分离思想，不仅使得代码复用性和组织性更好，而且使得 Web 应用的配置性和灵活性更好。其设计模式如图 13-1 所示。

● 模型。模型封装了数据和基于这些数据的操作，是系统的业务逻辑部分。
● 视图。视图提供了对模型的显示，是系统的用户界面部分。
● 控制器。控制器相当于模型和视图的一个中介，控制器接受所有视图提交的请求，根据请求内容的不同而转发到不同的模型中，并将最终结果回传给视图向用户显示，控制器是模式中最重要的部分。

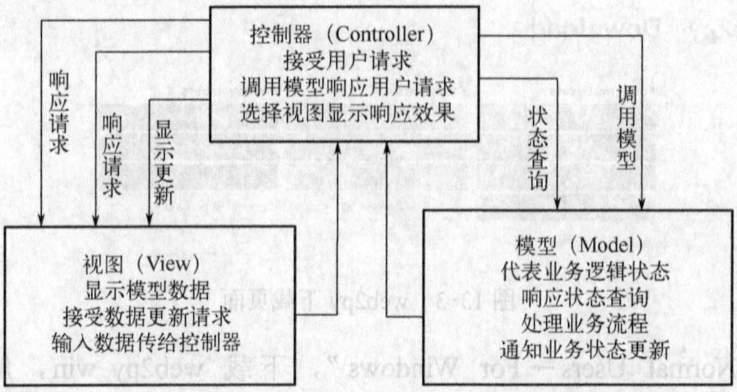

图 13-1　MVC 设计模式

下面介绍 web2py、Django、Flask 等几个 Web 开发框架。

13.2　web2py 框架

本节介绍了 web2py 的安装过程，以及 web2py 详细的操作流程。

13.2.1　安装 web2py

web2py 于 2007 年发布，作为免费的、开源的 Web 开发框架，使得 Web 开发更简单、更快捷。web2py 下载网址为 http://www.web2py.com，如图 13-2 所示。

图 13-2　web2py 下载网址

web2py 下载页面如图 13-3 所示。

图 13-3 web2py 下载页面

单击“For Normal Users→For Windows”，下载 web2py_win，解压缩后，双击 web2py.exe 文件进行安装，如图 13-4 所示。

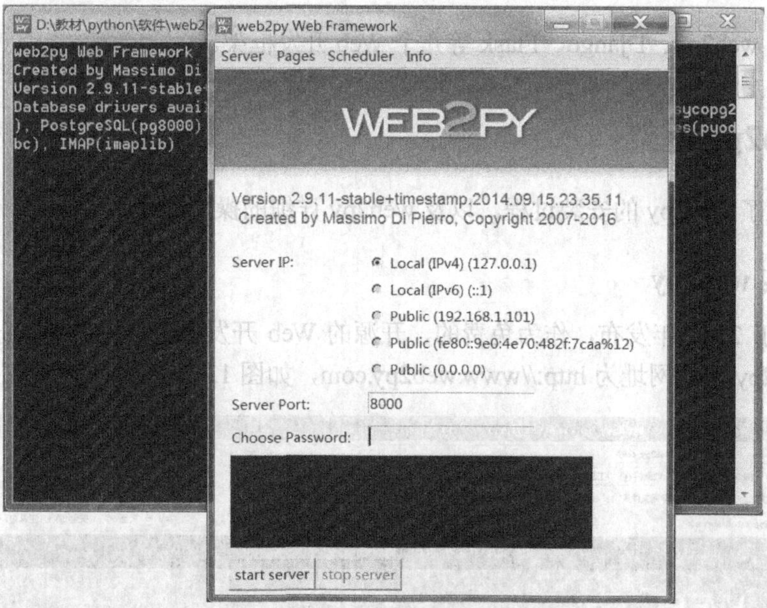

图 13-4 web2py 安装

第一次使用直接输入预设的密码即可，系统会自动保存，并默认为以后登录使用的密码。输入密码后，出现界面如图 13-5 所示。

单击图 13-5 中的“admin”，输入密码，进入 web2py 的管理员界面，如图 13-6 所示。

13.2.2 web2py 应用

在 web2py 中，每个网站默认有 admin、examples 和 welcome 三个应用，如图 13-7 所示。

图 13-5　web2py 使用

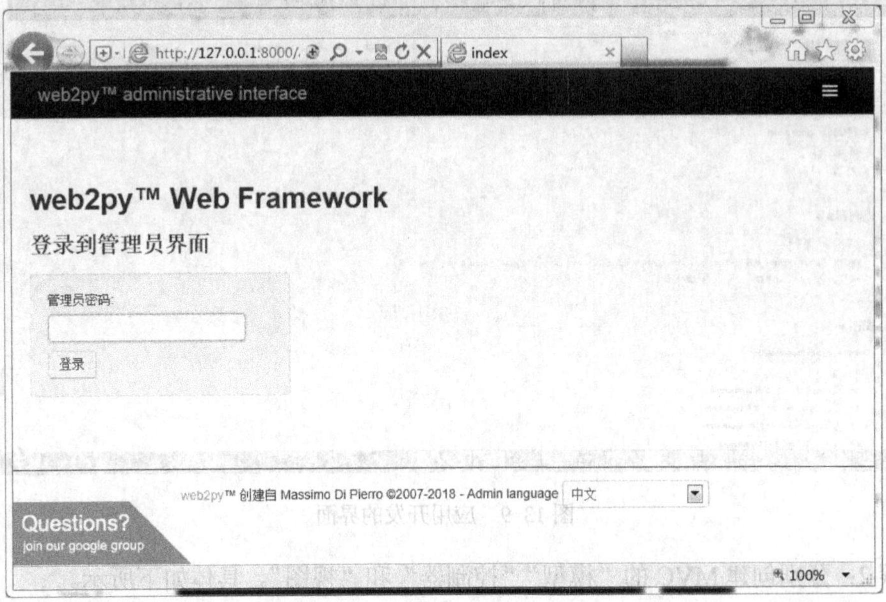

图 13-6　web2py 管理员界面

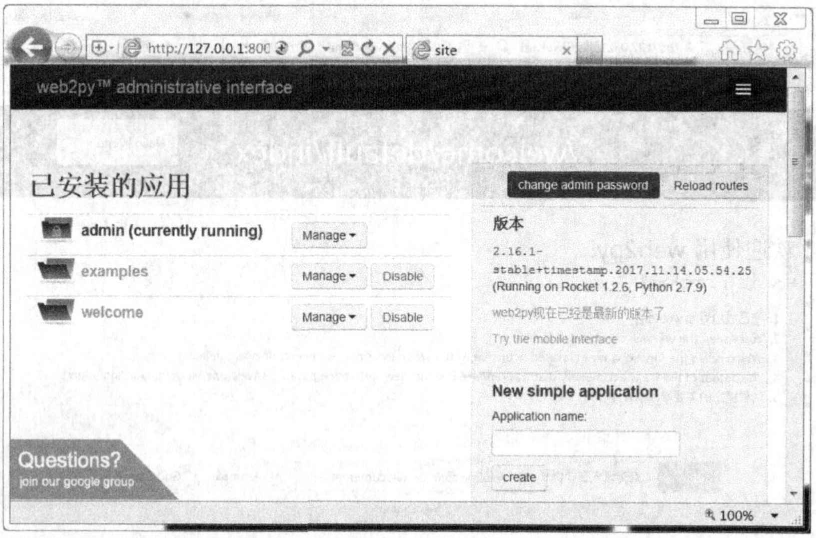

图 13-7　web2py 的三个应用

【例 13-1】 在网页上展示一个输入框，输入姓名“周元哲”，单击提交按钮，跳转到另一页面，显示“Hello 周元哲”。

【解析】具体步骤如下。

步骤 1：创建应用 myapp，如图 13-8 所示。

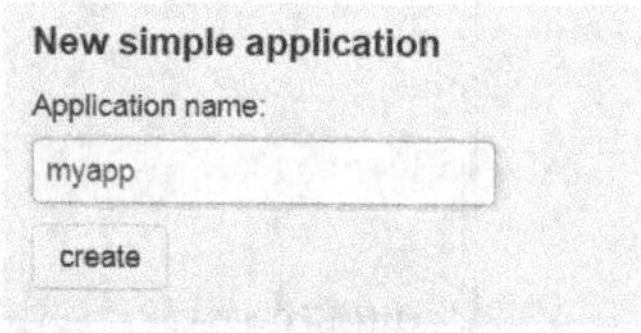

图 13-8　创建应用 myapp

应用开发的界面如图 13-9 所示。

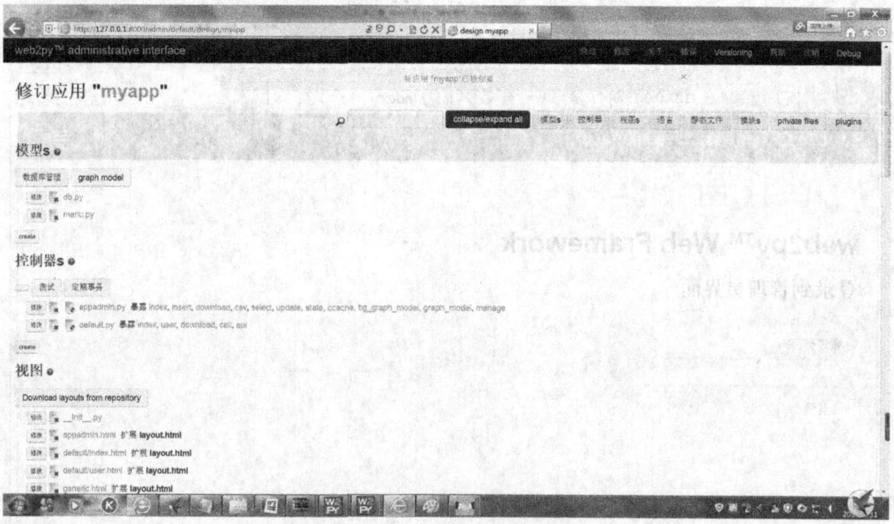

图 13-9　应用开发的界面

步骤 2：分别创建 MVC 的“模型”“控制器”和“视图”。具体如下所示。

（1）创建“模型”

“模型”是程序要处理的数据，开发者只需要将数据库的表定义好，web2py 会自动完成表的创建、数据的查询、删除和插入等数据库操作。通过修改 model 下的 db.py 文件来创建表，打开 db.py，可以看到里面有许多系统事先生成的代码，不要修改这些代码，在文件的最后追加以下内容，完成 image 表的定义，只有一个 title 字段。

```
#db.py
db.define_table('image', Field('title'))
```

在浏览器中输入http://127.0.0.1:8000/myapp/appadmin/index，就可以看到 web2py 的数据库管理界面，如图 13-10 所示。auth_user 和 auth_group 等以“auth_”开头的都是系统表。在最后可以看到创建的表 image，单击“新记录”按钮，出现界面如图 13-11 所示，可以给表 image 中添加新记录。

图 13-10　web2py 的数据库管理界面

图 13-11　添加记录

本实例功能较为简单，只需要设计“控制器”和“视图”的相关代码。

（2）创建“控制器”

单击“create”按钮，输入“sayhello”，如图 13-12 所示。

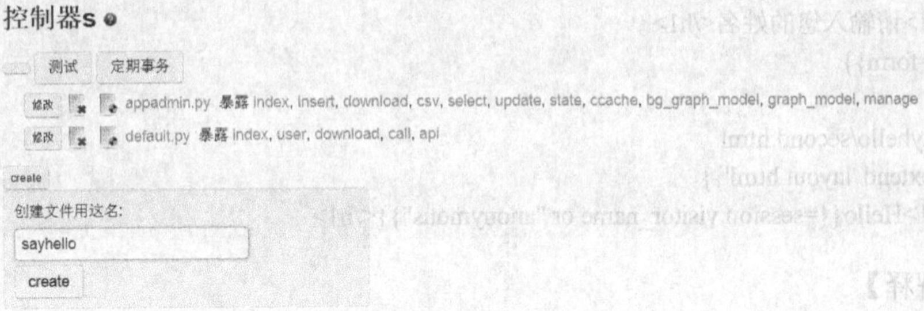

图 13-12　创建控制器

在 sayhello.py 文件中输入如下代码。

```
# -*- coding: utf-8 -*-
# 尝试
def index(): return dict(message="hello from sayhello.py")
def first():
    form =FORM(INPUT(_name='visitor_name',requires=IS_NOT_EMPTY()),INPUT(_type=
'submit'))
    if form.process().accepted:
```

```
        session.visitor_name=form.vars.visitor_name
        redirect(URL('second'))
    return dict(form=form)

def second():
    name=session.visitor_name or redirect(URL('first'))
    return dict(name=name)
```

【代码解释】

- first()函数中包括输入框，命名为“visitor_name”和“submit”型的按钮。
- second()函数中 name 为 session.visitor_name 中读取。

函数的输出可以是字符串或符号字典（哈希表）。字典中的数据将被呈现成视图。如果用户请求 HTML 页面（默认情况），字典将被呈现成 HTML 页面。如果用户以 XML 请求同一页面，web2py 将会尝试找到一个能将字典呈现成 XML 格式的视图。

（3）创建“视图”

单击“create”按钮，输入“sayhello/first.html”和“sayhello/second.html”两个文件，如图 13-13 所示。

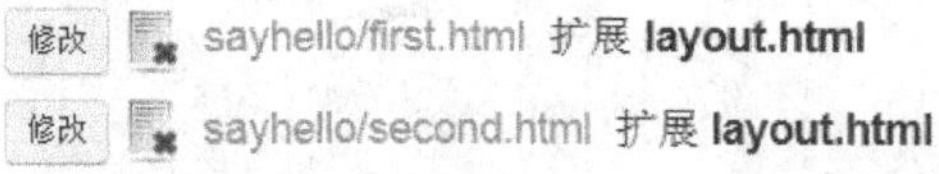

图 13-13　创建视图

在“sayhello/first.html”和“sayhello/second.html”两个文件分别输入如下代码。

```
#sayhello/first.html
{{extend 'layout.html'}}
<h1>请输入您的姓名</h1>
{{=form}}

#sayhello/second.html
{{extend 'layout.html'}}
<h1>Hello{{=session.visitor_name or "anonymous"}}</h1>
```

【代码解释】

视图的代码是由 HTML 和 Python 混合写成，“{{……}}”中为 Python 代码。

步骤 3：运行程序。

在浏览器输入 http://127.0.0.1:8000/myapp/sayhello/first，如图 13-14 所示。

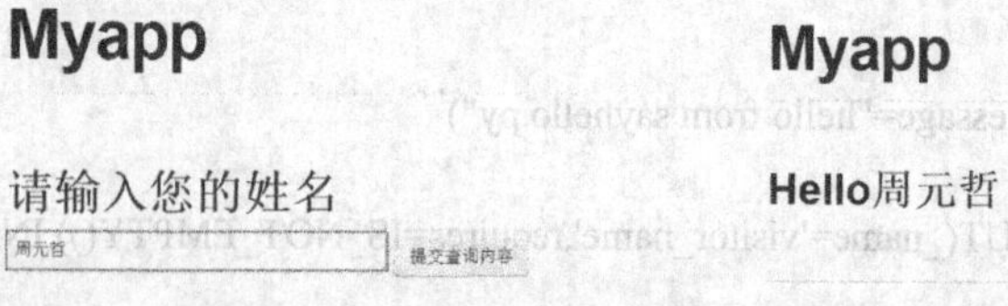

图 13-14　运行程序界面

13.3 Django 框架

本节介绍了 Django 的安装过程，以及 Django 详细的操作流程。

13.3.1 安装 Django

Django 是开放源代码的 Web 应用框架，提供 Web 应用开发的一站式解决方案。Django 官方网址是：https://www.djangoproject.com/download/。

在 Anaconda Prompt 下使用命令：pip install Django 进行安装，如图 13-15 所示。

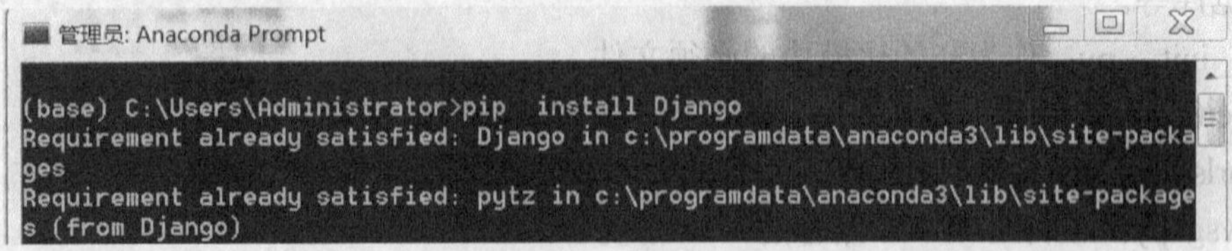

图 13-15　安装 Django

Django 安装好后，就具有了管理工具 django-admin.py，如图 13-16 所示。

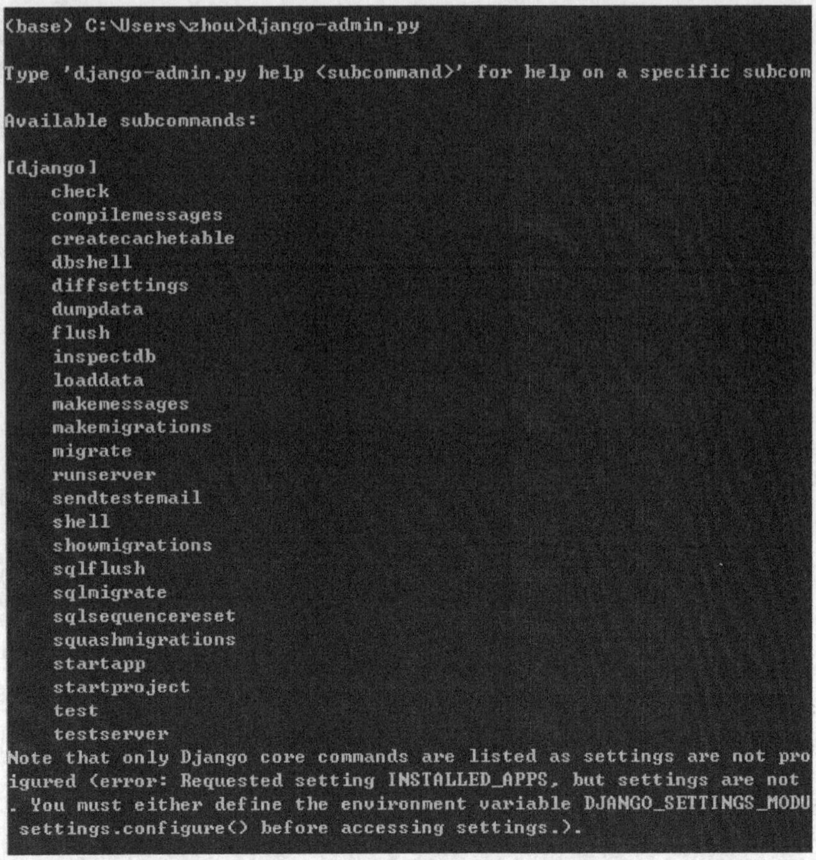

图 13-16　django-admin.py 工具

13.3.2 Django 应用

【例 13-2】 使用 Django 步骤如下所示。

步骤 1：创建 Web 服务器。

在 Anaconda Prompt 下使用命令：django-admin startproject HelloWorld，出现 HelloWorld 目录，创建了名为 HelloWorld 的 Web 服务器。目录结构如图 13-17 所示。

```
|-- HelloWorld
|   |-- __init__.py
|   |-- settings.py
|   |-- urls.py
|   `-- wsgi.py
`-- manage.py
```

图 13-17 HelloWorld 目录

文件如下所示。

- manage.py：是 Django 提供的一个管理工具，用于同步数据库等。
- __init__.py：作为初始化模块的必须文件。
- settings.py：用于 Django 项目的数据库配置、应用配置等。
- urls.py：Django 项目的 Web 工程的 URL 映射配置。
- wsgi.py：项目与 WSGI 兼容的 Web 服务器入口。

步骤 2：启动服务器。

进入 HelloWorld 目录，输入 python manage.py runserver 127.0.0.1:8000 命令。在浏览器输入 http://127.0.0.1:8000/，输出结果如图 13-18 所示。

图 13-18 运行 HelloWorld 项目

步骤 3：设置视图。

在 HelloWorld 目录新建一个 view.py 文件，并输入如下代码：

```
from django.http import HttpResponse
def hello(request):
return HttpResponse("Hello world ! ")
```

步骤 4：将 URL 与视图函数绑定。

打开 urls.py 文件，删除原来代码，将以下代码复制粘贴到 urls.py 文件中：

```
from django.conf.urls import url
from . import view
urlpatterns = [ url(r'^hello$', view.hello), ]
```

至此，启动 Django 开发服务器，打开浏览器并访问，如图 13-19 所示。

【解析】采用 django.http.HttpResponse()输出"Hello World！"，该方式将数据与视图混合在一起，不符合 Django 的 MVC 思想。

下面，使用 Django 模板重新实现【例 13-2】的功能，将文档的表现形式和内容进行分离。

步骤 1：在 HelloWorld 目录下创建 templates 目录，并建立 hello.html 文件，整个目录结构如图 13-20 所示。

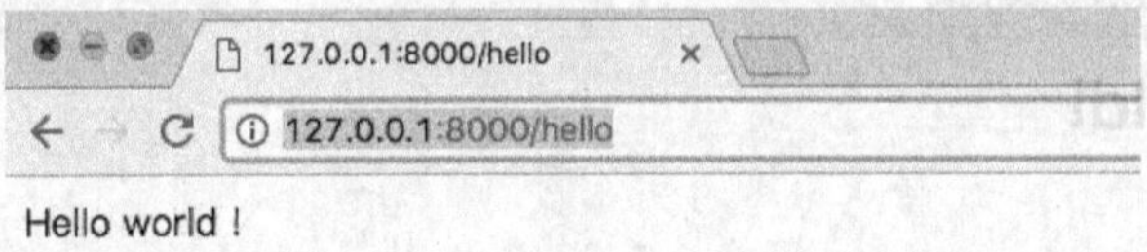

图 13-19　程序运行结果

```
HelloWorld/
|-- HelloWorld
|   |-- __init__.py
|   |-- __init__.pyc
|   |-- settings.py
|   |-- settings.pyc
|   |-- urls.py
|   |-- urls.pyc
|   |-- view.py
|   |-- view.pyc
|   |-- wsgi.py
|   `-- wsgi.pyc
|-- manage.py
`-- templates
    `-- hello.html
```

图 13-20　HelloWorld 目录

```
HelloWorld/templates/hello.html 文件代码：
<h1>{{ hello }}</h1>                    #变量使用了双括号
```

步骤 2：向 Django 说明模板文件的路径，修改 HelloWorld/settings.py，修改 TEMPLATES 中的 DIRS 为[BASE_DIR+"/templates",]，如下所示：

【HelloWorld/HelloWorld/settings.py 文件代码】

```
...TEMPLATES = [
 {
 'BACKEND': 'django.template.backends.django.DjangoTemplates',
 'DIRS': [BASE_DIR+"/templates",],                        # 修改位置
  'APP_DIRS': True,
  'OPTIONS': {
  'context_processors': [
  'django.template.context_processors.debug',
'django.template.context_processors.request',
'django.contrib.auth.context_processors.auth',
```

```
            'django.contrib.messages.context_processors.messages',
        ],
    },
  },
]...
```

步骤 3：修改 view.py，增加一个新的对象，用于向模板提交数据。

【HelloWorld/HelloWorld/view.py 文件代码】

```
# -*- coding: utf-8 -*-
#from django.http import HttpResponse
from django.shortcuts import render
def hello(request):
    context = {}
context['hello'] = 'Hello World!'
    return render(request, 'hello.html', context)
```

【解析】 使用 render 来替代之前使用的 HttpResponse。render 还使用了一个字典 context 作为参数。context 字典中元素的键值"hello"对应了模板中的变量"{{ hello }}"。

在浏览器输入 http://127.0.0.1:8000/hello，如图 13-21 所示。

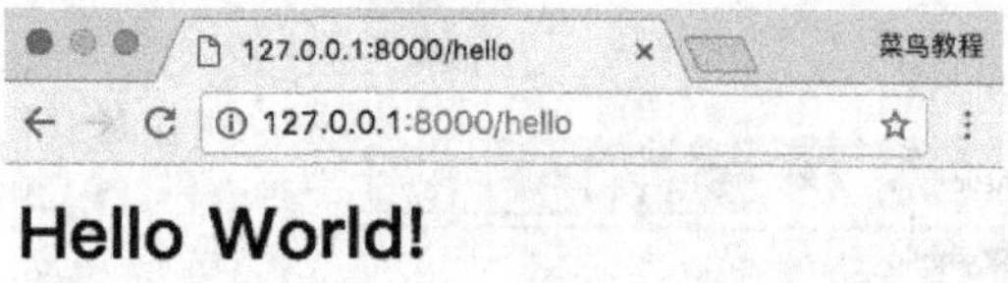

图 13-21　程序运行结果

至此，采用模板输出数据，从而实现了数据与视图分离。

13.4　Flask框架

Flask 是一个微框架，主要面向需求简单的小应用。Flask 的官方网址是：http://flask.pocoo.org/。

13.4.1　安装 Flask

在 Anaconda Prompt 下使用命令：pip　install flask 进行安装，如图 13-22 所示。

13.4.2　Flask 应用

【例 13-3】 输入预设的用户名 admin 和口令 password，登录成功。

```
from flask import Flask
from flask import request
```

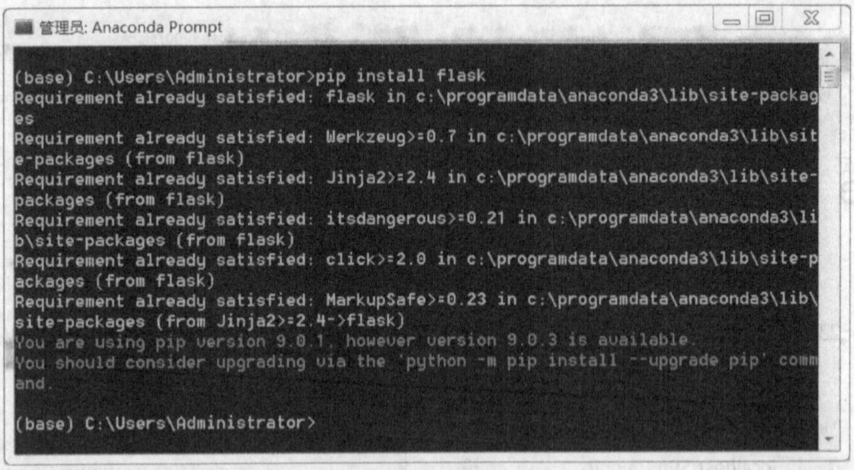

图 13-22　安装 Flask

```
app = Flask(__name__)

@app.route('/', methods=['GET', 'POST'])
def home():
    return '<h1>Home</h1>'

@app.route('/signin', methods=['GET'])
def signin_form():
    return '''<form action="/signin" method="post">
              <p><input name="username"></p>
              <p><input name="password" type="password"></p>
              <p><button type="submit">Sign In</button></p>
              </form>'''

@app.route('/signin', methods=['POST'])
def signin():
    # 需要从 request 对象读取表单内容：
    if request.form['username']=='admin' and request.form['password']=='password':
        return '<h3>Hello, admin!</h3>'
    return '<h3>Bad username or password.</h3>'

if __name__ == '__main__':
app.run()
```

运行后，打开浏览器，输入首页地址 http://localhost:5000/，如图 13-23 所示。

首页显示正确，再在浏览器地址栏输入 http://localhost:5000/signin，会显示登录表单，如图 13-24 所示。

输入预设的用户名 admin 和口令 password，登录成功，如图 13-25 所示。

输入其他错误的用户名和口令，登录失败，如图 13-26 所示。

图 13-23 输入http://localhost:5000/

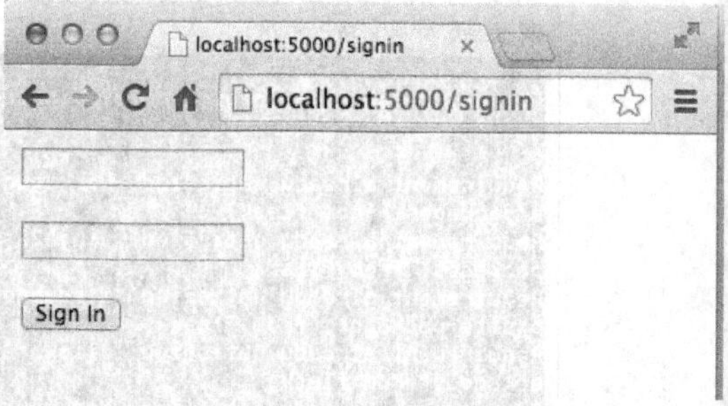

图 13-24 输入 http://localhost:5000/signin

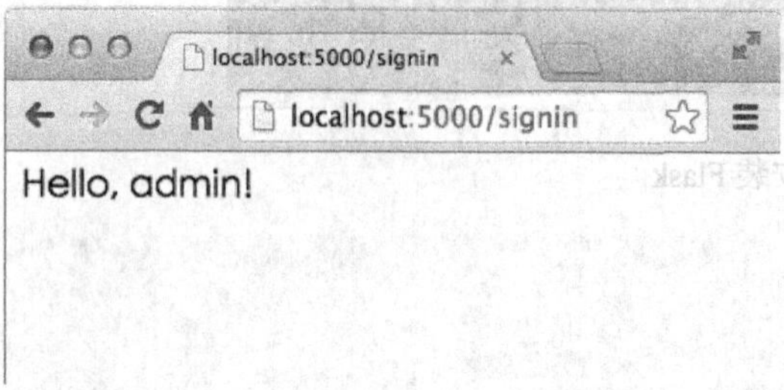

图 13-25 登录成功

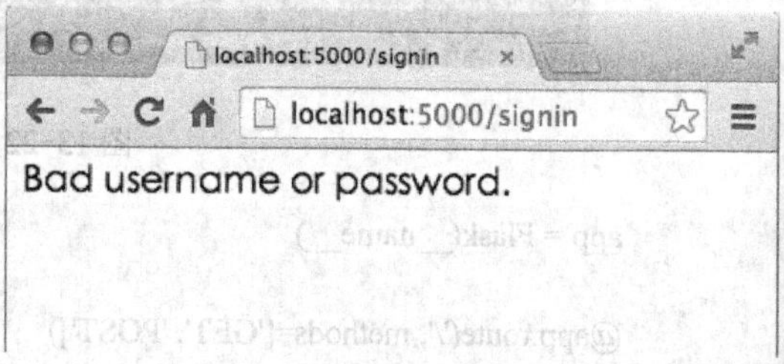

图 13-26 登录失败

第 14 章　电子游戏开发

Python 采用 Pygame 软件包实现游戏设计。本章首先介绍了游戏的相关知识。其次，介绍了 Pygame 的开发流程，讲解了 Pygame 的相关模块。最后，介绍了“贪吃蛇”小游戏的实现。

14.1　电子游戏与 Pygame

电子游戏作为一种重要的娱乐方式，可以通过各种输入输出设备，通过特定流程或规则进行交互的体验。最早的游戏运行在特定的游戏机上，随后逐渐普及到个人计算机上，其后，向网络和移动设备发展。随着游戏的发展，玩家对游戏的体验不仅仅局限于玩法，对画面的要求也不断提升，出现了游戏引擎。游戏引擎集成了计算机图形学和音频动画等模块，用于对图片和特效进行渲染，从而达到出色的表现效果。二维游戏主要集中于策略类和横板过关类，视角固定，更注重玩法。三维游戏的出现，使得玩家在立体世界中的游戏体验更为自由。随着游戏进一步的发展，诸如 UnrealEngine（虚幻），CryEngine，FrostbiteEngine（寒霜），NaughtyDogEngine（顽皮狗），LunimousStudio（夜光）等用于开发大型 3D 游戏的引擎被开发出来，集成了大量的碰撞特效、粒子效果、光源、物理特效等。所开发的游戏，如《质量效应》、《战地》、《孤岛危机》、《神秘海域》等画面高度逼近现实，特效场面宏大，具有精美的表现力。近来随着交互设备的技术性革新，从光学体感设备到虚拟现实的出现，势必会掀起游戏开发的新一轮机遇和发展。

Pygame 是跨平台的一套专门用来编写视频游戏的模块，包括计算机图形和设计 Python 语言中使用的音色库，允许实时计算机游戏开发无需被 C 编程语言及其衍生物的低级别语言所束缚，使得游戏功能和理念（主要是图像方面）可以完全简化为游戏逻辑本身，进而让开发游戏变得简单快捷。

14.2　Pygame

本节介绍了 Pygame 的安装过程、开发流程，以及 Pygame 的相关模块。

14.2.1　Pygame 开发流程

Pygame 的官方网址是：https://www.pygame.org。

在 Anaconda Prompt 下使用命令：pip　install Pygame 进行安装，如图 14-1 所示。

Pygame 开发流程共由三个步骤组成。

步骤 1：游戏事件处理，包括控制键盘输入、移动判断边界等，通过 pygame.event.get()

检测是否有事件产生。

```
Installing collected packages: Pygame
Successfully installed Pygame-1.9.3
```

图 14-1 安装 Pygame

步骤 2：更新游戏状态。

步骤 3：绘制游戏屏幕，通过 pygame.display.update()实现。

Pygame 常用事件如表 14-1 所示。

表 14-1 Pygame 常用事件

事 件	产 生 途 径	参 数
QUIT	用户按下关闭按钮	none
ATIVEEVENT	Pygame 被激活或者隐藏	gain, state
KEYDOWN	键盘被按下	unicode, key, mod
KEYUP	键盘被放开	key, mod
MOUSEMOTION	鼠标移动	pos, rel, buttons
MOUSEBUTTONDOWN	鼠标按下	pos, button
MOUSEBUTTONUP	鼠标放开	pos, button
JOYBUTTONDOWN	游戏手柄按下	joy, button
JOYBUTTONUP	游戏手柄放开	joy, button
VIDEORESIZE	Pygame 窗口缩放	size, w, h
USEREVENT	触发了一个用户事件	code

【例 14-1】 Hello World 程序。

```
import pygame, sys                          #调用 pygame 模块和 sys 模块
from pygame.locals import QUIT
pygame.init()                               #初始化 pygame.init()

#set_mode 函数返回一个 Surface 对象，参数数据类型为元组，代表分辨率
screen = pygame.display.set_mode((400, 300))
#设置窗口标题
pygame.display.set_caption('Pygame    Hello World!')
#游戏无限循环
while True:
    for event in pygame.event.get():            #用来获取各种键盘及鼠标事件
        if event.type == QUIT:                  #接收到退出事件后退出程序
            exit()
    pygame.display.update()                     #刷新一下画面
```

程序运行结果如图 14-2 所示，仅仅在窗口的标题上显示了“Pygame Hello World”，当单击窗口的关闭按钮，程序将会退出。

图 14-2　程序运行结果

14.2.2　Pygame 模块

Pygame 中有很多模块，这些模块具有各自的功能，如表 14-2 所示。

表 14-2　Pygame 模块

模 块 名	功　能
pygame.cdrom	访问光驱
pygame.cursors	加载光标
pygame.display	访问显示设备
pygame.draw	绘制形状、线和点
pygame.event	管理事件
pygame.font	使用字体
pygame.image	加载和存储图片
pygame.key	读取键盘按键
pygame.mixer	声音
pygame.mouse	鼠标
pygame.movie	播放视频
pygame.music	播放音频
pygame.surface	管理图像和屏幕
pygame.surfarray	管理点阵图像数据
pygame.time	管理时间和帧信息
pygame.transform	缩放和移动图像

下面，详细介绍鼠标、键盘、绘图等模块。

（1）鼠标

【例 14-2】 鼠标举例。

```
import pygame                          # 导入 Pygame 库
from pygame.locals import *            # 导入 Pygame 库中的一些常量
```

```
from sys import exit                                    # 导入 sys 库中的 exit 函数

pygame.init()                                           # 模块初始化
screen = pygame.display.set_mode((400, 300))
pygame.display.set_caption('Pygame mouse event')
while True:
    for event in pygame.event.get():
        if event.type == pygame.QUIT:
            pygame.quit()
            exit()
        elif event.type ==  MOUSEBUTTONDOWN:
            pressed_array = pygame.mouse.get_pressed()
            for index in range(len(pressed_array)):
                if pressed_array[index]:
                    if index == 0:
                        print('Pressed LEFT Button!')
                    elif index == 2:
                        print('Pressed RIGHT Button!')
pygame.display.update()
```

程序运行结果如图 14-3 所示，当鼠标单击窗口，在控制台打印出是鼠标的哪个键被单击了：左，右。

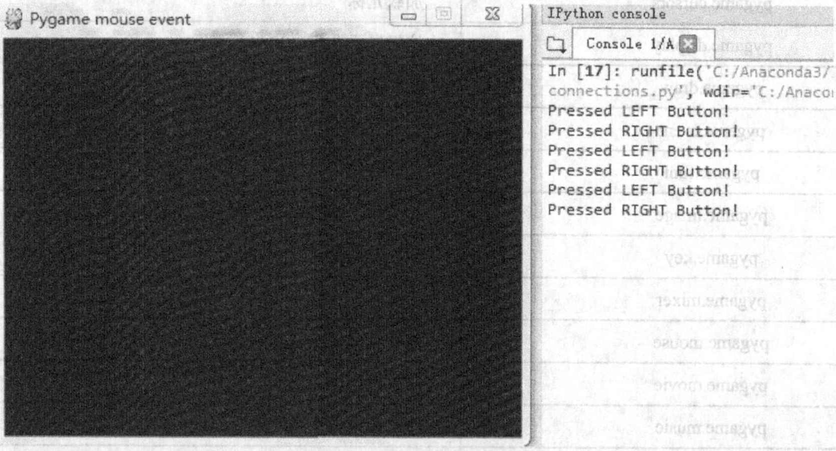

图 14-3　程序运行结果

（2）键盘

【例 14-3】 键盘举例。

```
import pygame                           # 导入 Pygame 库
from pygame.locals import *             # 导入 Pygame 库中的一些常量
from sys import exit                    # 导入 sys 库中的 exit 函数

pygame.init()                           #模块初始化
screen = pygame.display.set_mode((800, 600))
```

```
BG_IMAGE = 'd:\\plane.jpg'                #飞机图片

bg = pygame.image.load(BG_IMAGE).convert()

x, y = 0, 0
move_x, move_y = 0, 0

while True:
    for event in pygame.event.get():
        #print(event.type)
        if event.type == pygame.QUIT:
            pygame.quit()
            exit()
        if event.type == KEYDOWN:
            print(event.key)
            if event.key == K_LEFT:                #左键
                move_x = -100
            elif event.key == K_UP:                #上键
                move_y = -100
            elif event.key == K_RIGHT:             #右键
                move_x = 100
            elif event.key == K_DOWN:              #下键
                move_y = 100
        elif event.type == KEYUP:
            move_x = 0
            move_y = 0

        x += move_x
        y += move_y

        screen.fill((0, 0, 0))
        screen.blit(bg, (x, y))
        pygame.display.update()
```

程序运行结果如图 14-4 所示，飞机图片会随着上、下、左、右箭头而移动位置。

（3）绘图

与 Python 自带的 random、math、time 等模块一样，Pygame 也提供绘图功能，可以绘制多边形（polygon）、线（line）、圆（circle）、椭圆（ellipse）、长方形（rect）等。

【例 14-4】 绘图举例。

```
import pygame, sys
from pygame.locals import *

pygame.init()

windowSurface = pygame.display.set_mode((500, 400), 0, 32)
```

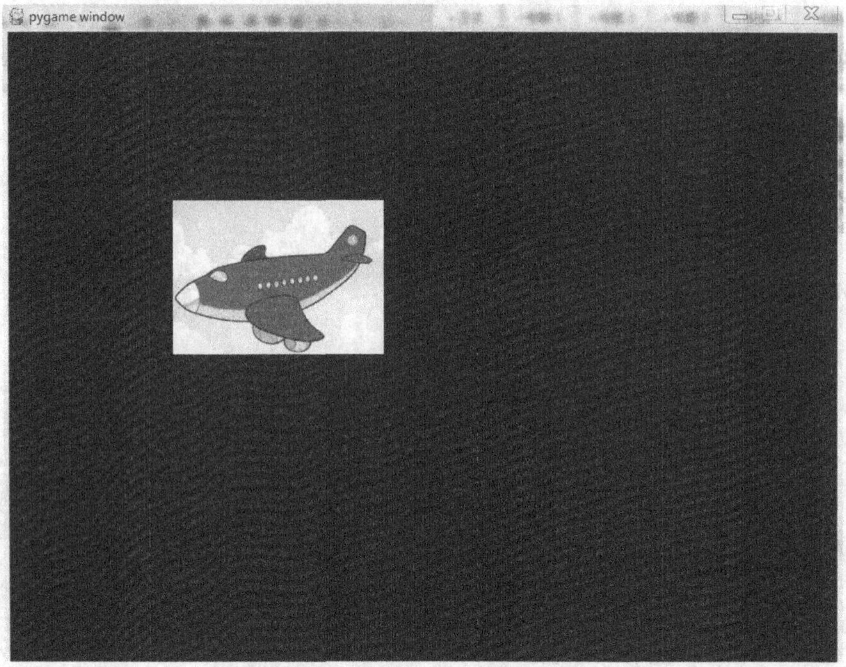

图 14-4　程序运行结果

```
pygame.display.set_caption("plot")

BLACK = (0, 0, 0)
WHITE = (255, 255, 255)
RED = (255, 0, 0)
GREEN = (0, 255, 0)
BLUE = (0, 0, 255)

basicFont = pygame.font.SysFont(None, 48)
text = basicFont.render("Hello ,world", True, WHITE, BLUE)
textRect = text.get_rect()
textRect.centerx = windowSurface.get_rect().centerx
textRect.centery = windowSurface.get_rect().centery

windowSurface.fill(BLACK)
#多边形
pygame.draw.polygon(windowSurface, GREEN, ((146, 0),(291, 106), (236, 277), (56, 277), (0, 106)))
#线
pygame.draw.line(windowSurface, BLUE, (60, 60), (120,60), 4)
pygame.draw.line(windowSurface, BLUE, (120, 60), (60,120))
pygame.draw.line(windowSurface, BLUE, (60, 120), (120,120), 4)
#圆
pygame.draw.circle(windowSurface, BLUE, (300, 50), 20, 0)
#椭圆
pygame.draw.ellipse(windowSurface, RED, (300, 250, 40,80), 1)
#长方形
```

```
    pygame.draw.rect(windowSurface, RED, (textRect.left - 20, textRect.top - 20, textRect.width + 40,
textRect.height + 40))
    pixArray = pygame.PixelArray(windowSurface)
    pixArray[480][380] = BLACK
    del pixArray

    windowSurface.blit(text, textRect)

    pygame.display.update()

    while True:
        for event in pygame.event.get():
            if event.type == QUIT:
                pygame.quit()
                sys.exit()
```

程序运行结果如图 14-5 所示。

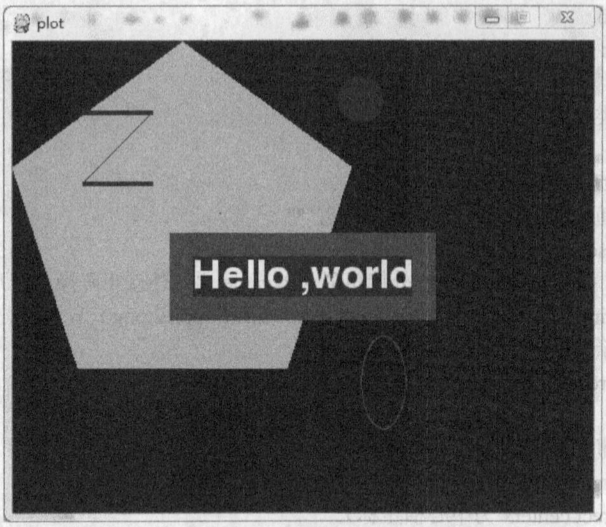

图 14-5　程序运行结果

14.3　贪吃蛇

本节介绍贪吃蛇游戏的需求，以及使用 Pygame 的详细实现过程。

14.3.1　需求

贪吃蛇游戏是一款经典的益智游戏，既简单又耐玩。游戏规则是：通过键盘上的上、下、左、右四个键控制蛇头走向，寻找吃的食物（本例是一个苹果），每吃一口苹果，积分增加，蛇的身子也会变长。在寻找食物的过程中，蛇身不能碰墙，不能咬到自己的身体，更不能咬自己的尾巴。

14.3.2 具体实现

为了实现贪吃蛇游戏，设计 food.py、snake.py、settings.py、response.py 和 run_game.py 等文件。以下是各个文件的功能：

1）food 文件包含食物类，包含图片初始化、置于随机位置、获得食物坐标、获得外接矩形、绘制食物功能。

2）snake 文件包含蛇类、初始化蛇头、获得各点位置列表、移动蛇、吃掉食物、绘制蛇功能。

3）settings 文件包含设置类、修改速度、窗口大小、背景颜色功能，便于修改设置。

4）response 文件包含响应鼠标键盘事件、修改移动方向、控制蛇移动功能。

5）run_game 文件为运行文件，协调各文件。功能详见代码。

注意：所有文件务必放于同一文件夹下，本例为 d:\tanchishe\下。

1）food.py 文件内容如下所示。

```
import pygame
import random
class Food:
    """食物类"""

    def __init__(self,screen):
        """随机初始化第一个食物的位置"""
        self.screen = screen
         #加载食物图片并获取外接矩形（Pygame 通过外接矩阵操作图片）
        self.image = pygame.image.load('d:/tanchishe/apple2.png')
        #获得图片
        self.rect = self.image.get_rect()

        #随机获得图片中心横纵坐标
        #（randint 获得 10~490 的 int 类型随机数，包括 10 和 490）
        #（rect.centerx 为中心横坐标）
        self.rect.centerx = random.randint(20,480)
        self.rect.centery = random.randint(20,480)

    def reinit(self):
        """ 随机获得一个食物，并返回食物坐标"""
        self.rect.centerx = random.randint(20,480)
        self.rect.centery = random.randint(20,480)
        return [self.rect.centerx,self.rect.centery]
    def position(self):
        """ 返回食物坐标"""
        return [self.rect.centerx,self.rect.centery]
    def foodrect(self):
        """返回外接矩形"""
        return self.rect
```

```
    def blitme(self):
        """在指定位置绘制食物"""

        self.screen.blit(self.image,self.rect)
```

2）snake.py 文件内容如下所示。

```
import copy
class Snake:
    def __init__(self):
        """初始化第一个点（蛇头）的位置"""
        #创建存储每个点位置的列表，目前只有蛇头
        self.poslist = [[250,250]]

    def position(self):
        """返回存储连续点位置的列表"""
        return self.poslist

    def direction(self,new_direction):
        """控制蛇移动方向"""

        count = len(self.poslist)
        position = count-1
        #所有点移动向下一位置
        while position > 0:
            self.poslist[position] = copy.deepcopy(self.poslist[position-1])
            position -= 1
        #更新蛇头位置，和移动方向有关
        if new_direction is 'U':
            self.poslist[0][1] -= 10

            #设置可以穿墙
            if self.poslist[0][1] < 0:
                self.poslist[0][1] = 500

        if new_direction is 'D':
            self.poslist[0][1] += 10
            if self.poslist[0][1] > 500:
                self.poslist[0][1] = 0
        if new_direction is 'L':
            self.poslist[0][0] -= 10
            if self.poslist[0][0] < 0:
                self.poslist[0][0] = 500
        if new_direction is 'R':
            self.poslist[0][0] += 10
            if self.poslist[0][0] > 500:
                self.poslist[0][0] = 0
```

```
    def eatfood(self,foodpoint):
        """吃掉食物并加入列表"""
            self.poslist.append(foodpoint)
    def draw_snake(self,poslist):
        """画蛇"""
        self.poslist = poslist
```

3）Settings.py 文件内容如下所示。

```
class Settings():
    """存储游戏所有设置的类"""

    def __init__(self):
        """初始化游戏的设置"""
        # 设置屏幕大小
        self.screen_width = 500
        self.screen_height = 500
        #设置屏幕背景色
        self.bg_color = [255,255,240]
        #设置蛇移动速度（帧数）
        self.speed = 10
        #设置蛇的颜色
        self.snake_color = [50,0,0]
```

4）run_game.py 文件内容如下所示。

```
import pygame

#导入其他文件的类、函数
import response as res
from food import Food
from settings import Settings
from snake import Snake

def run_game():
    #初始化 pygame
    pygame.init()
    #设置时钟对象，控制帧数
    clock = pygame.time.Clock()
    #一个 Settings 类实例，便于控制游戏参数
    run_settings = Settings()
    #游戏窗口大小，参数为宽和高
screen = pygame.display.set_mode((run_settings.screen_width,
                                   run_settings.screen_height))
    #设置窗口名字
    pygame.display.set_caption("贪吃蛇")
    restart = True
    #创建字体对象，绘制文本，返回 surface。参数一：字体，参数二：字号
    socre_font = pygame.font.Font(None,28)
```

```
#记录分数
score = 0

#是否重开
while restart:

    #类的实例
    snake = Snake()
    food = Food(screen)
    running = True

    #是否游戏结束
    while running:
        #窗口背景颜色，用参数 RGB 设置
        screen.fill(run_settings.bg_color)
        #开始接收、响应键盘指令
        res.check_events(snake)
        #控制循环帧数，参数为每秒帧数
        time_pass = clock.tick(run_settings.speed)
        #接受食物图片的外接矩形
        food_rect = food.foodrect()
        #矩形中心的位置
        food_point = food.position()
        #绘制这个食物
        food.blitme()

        #绘制蛇
        poslist = snake.position()
        snakes_rect = []
        for pos in poslist:
            #pygame.draw.circle()返回外接矩形
            snakes_rect.append(pygame.draw.circle(screen,run_settings.snake_color,pos,5,0))
            #检测是否吃到食物
            #pygame.Rect.collidepoint() 检测一个点是否包含在该 Rect 对象内
            if food_rect.collidepoint(pos):
                snake.eatfood(food_point)
                food.reinit()
                food.blitme()
                food_rect = food.foodrect()
                score += 1
                break

        #打印内容 参数：字符串、是否平滑、颜色
        score_text = socre_font.render("score : "+str(score),True,(255,0,0))
        score_rect = score_text.get_rect()

        #设置字体位置
```

```
            score_rect.centerx = 450
            score_rect.centery = 10
            screen.blit(score_text,score_rect)

            #检测是否撞到自己 （蛇头和身体位置是否重合）
            head_rect = snakes_rect[0]
            count = len(snakes_rect)
            while count > 1:
                if head_rect.colliderect(snakes_rect[count-1]):
                    running = False
                count -= 1

            #更新屏幕
            pygame.display.update()

        #游戏结束界面
        screen.fill([255,255,240])

        #一个字体对象，参数一：字体（None 为默认），参数二：字体大小
        font = pygame.font.Font(None,38)

        #绘制文本，返回 surface
        text = font.render("Game Over! press space to restart. ",True,(255,0,0))
        textRect = text.get_rect()
        textRect.centerx = screen.get_rect().centerx
        textRect.centery = screen.get_rect().centery
        screen.blit(text,textRect)

        #是否重开
        while True:
            event = pygame.event.poll()
            if event.type == pygame.QUIT:
                pygame.quit()
                exit(0)
            if event.type == pygame.KEYDOWN:
                if event.key == pygame.K_SPACE:
                    restart = True
                    #初始化对象、变量
                    #Python 自动清理，只用删除引用
                    score = 0
                    del snake
                    del food
                    break
            #更新屏幕
            pygame.display.update()
run_game()
```

5）response.py 文件内容如下所示。

```
import pygame

#初始化移动状态，使一开始向上移动
move_up = True
move_down = False
move_left = False
move_right = False

def check_events(snake):
    """响应按键和鼠标事件"""

    for event in pygame.event.get():
        if event.type == pygame.QUIT:
            pygame.quit()
            exit(0)
        check_keydown_events(event)
    redirection(snake)

def check_keydown_events(event):
    """响应键盘按下"""

    #可修改全局变量
    global move_up
    global move_down
    global move_left
    global move_right

    if event.type == pygame.KEYDOWN:
        # and move_down == False  及类似代码使蛇不可回头
        if event.key == pygame.K_UP and move_down == False:
            #修改移动状态
            move_up = True
            move_down = False
            move_left = False
            move_right = False
        if event.key == pygame.K_DOWN and move_up == False:
            move_up = False
            move_down = True
            move_left = False
            move_right = False
        if event.key == pygame.K_LEFT and move_right == False:
            move_up = False
            move_down = False
            move_left = True
            move_right = False
        if event.key == pygame.K_RIGHT and move_left == False:
            move_up = False
            move_down = False
```

```
                move_left = False
                move_right = True

def redirection(snake):
    global move_up
    global move_down
    global move_left
    global move_right

    #传递给蛇类的方向方法，使蛇头方向变更
    if move_up:
        snake.direction('U')
    if move_down:
        snake.direction('D')
    if move_left:
        snake.direction('L')
    if move_right:
        snake.direction('R')
```

在 Anaconda Prompt 下使用命令：python d:\tanchishe\run_game.py，程序运行结果如图 14-6 所示。

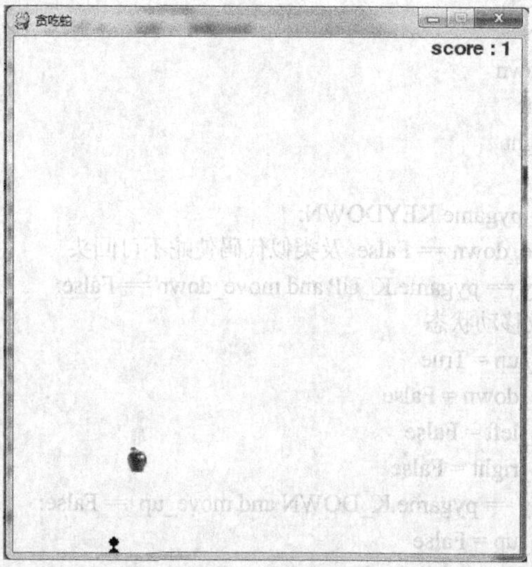

图 14-6　贪吃蛇运行界面

第 15 章　异常处理与测试

本章首先讲解了编程中的各种错误，如语法错误、运行时错误和逻辑错误等。其次，介绍了 Python 捕获和处理异常（Exception），异常是程序运行过程中的中断正常的流程。最后讲解了调试的相关方法以及测试相关知识。

15.1　错误类型

计算机编程过程中出现的错误大致分为语法错误、运行时错误和逻辑错误等。

15.1.1　语法错误

语法是指语句的形式必须符合规则。在编辑代码时，Python 会对输入的代码直接进行语法检查。例如，print 之前多了空格或者按了〈Tab〉键，都会出现语法错误。

【例 15-1】 语法错误举例。

```
>>> print 'Hello World'
  File "<stdin>", line 1
    print 'Hello World'
                      ^
SyntaxError: Missing parentheses in call to 'print'. Did you mean print('Hello W
orld')?
```

15.1.2　运行时错误

有些代码在编写时没有错误，但在程序运行过程中发生异常，这类错误称为“运行时错误”。例如，执行除数为零的除法运算、打开不存在的文件、数据类型不匹配、列表索引越界等。

【例 15-2】 运行时错误举例。

```
>>> f=open("a.txt")
Traceback (most recent call last):
  File "<stdin>", line 1, in <module>
FileNotFoundError: [Errno 2] No such file or directory: 'a.txt'
```

15.1.3　逻辑错误

逻辑错误又称为语义错误，表现形式是程序并不报语法错误，但结果与预期结果不相符。例如，运算符使用的不合理、语句的次序不对、循环语句的初始值、终值不正确等。

【例 15-3】 逻辑错误举例。

```
>>> import math
>>> a=1;b=2;c=1
>>> x1=-b+math.sqrt(b*b-4*a*c)/2*a
>>> x2=-b-math.sqrt(b*b-4*a*c)/2*a
>>> print (x1,x2)
-2.0 -2.0
```

15.2　捕获和处理异常

运行期检测到的错误被称为异常。对于大多数的异常，Python 都不会处理，只是以错误信息的形式出现。

异常一般分为如下两个阶段：

- 异常产生。检查到错误且解释器认为是异常，抛出异常。
- 异常处理。截获异常，系统忽略或者终止程序处理异常。

【例 15-4】 异常举例。

```
>>> a
Traceback (most recent call last):
  File "<stdin>", line 1, in <module>
NameError: name 'a' is not defined
```

【解析】

- a 为触发异常。
- Traceback 为异常追踪信息。
- NameError 为异常类。
- Name 'a' is not defined 为异常值。

Python 提供 try/except 进行异常处理，用于将错误捕捉成功后进行处理，执行特定的逻辑，使得程序更加健壮、具有更强的容错性。

15.2.1　try/except/else 语句

try/except/else 语句中，try 子句放置可能出现异常的语句，except 子句处理异常。如果 try 范围内捕获了异常，就执行 except 块；如果 try 范围内没有捕获异常，就执行 else 块。

try/except/else 语法格式如下所示。

```
try:
    <语句>        #运行别的代码
except<异常类型>:
    <语句>        #如果在 try 部分引发了'name'异常，获得附加的数据
except<异常类型> as <数据>:
    <语句>
    else:
    <语句>        #如果没有异常发生
```

【例 15-5】 try/except/else 举例。

```
a_list = ['China', 'America', 'England', 'France']
print('input the number of list')
while True:
    n = int(input( ))
    try:
        print(a_list[n])
    except IndexError:
        print('out of   the border,please input again')
    else:
        break;
```

运行结果如下所示。

```
input the number of list
8
out of   the border,please input again
3
France
```

15.2.2 try/finally 语句

try/finally 语句执行时，如果 try 语句块发生了异常，抛出这个异常，执行 except 语句块，然后运行 finally 语句块进行资源释放处理。finally 语法格式如下所示。

```
try:
    try 块              #被监控的语句
except Exception[, reason]:
    except 块           #处理异常的语句
Finally:
      finally 代码
```

【例 15-6】 try/except/finally 举例。

```
try:
    print(2/0)
except (ZeroDivisionError,Exception):
    print('发生了一个异常')
finally:
print('不管是否发生异常都执行')
```

运行结果如下所示。

```
发生了一个异常
不管是否发生异常都执行
```

15.2.3 raise 语句

raise 关键字用于显式地触发异常，用法类似于 C#和 Java 中的 throw 关键字。raise 抛出一个通用异常类型，异常类型如表 15-1 所示。

表 15-1　Python 的异常类型

异 常 类 名	描　述
NameError	引用不存在的变量
ZeroDivisionError	除数为零错误
SyntaxError	语法错误
IndexError	索引错误
KeyError	使用不存在的字典关键字
IOError	输入输出错误
ValueError	搜索列表中不存在的值
AttributeError	调用不存在的方法
TypeError	未强制转换就混用数据类型
EOFError	文件结束标志错误

raise 语句的语法格式如下所示。

```
raise　异常类名
```

【例 15-7】 raise 举例。

```
>>> try:
...     raise NameError('HiThere')
... except NameError:
...     print('An exception flew by!')
...     raise
...
An exception flew by!
Traceback (most recent call last):
  File "<stdin>", line 2, in <module>
NameError: HiThere
```

15.2.4　自定义异常

【例 15-8】 自定义异常举例。

```
class MyException(Exception):
    def __init__(self,msg):
        self.msg=msg
    def __str__(self):
        return self.msg
try:
    raise MyException('类型错误')
except MyException as e:
    print(e)
```

运行结果如下所示。

```
类型错误
```

15.3 调试方法

程序能一次写完并正常运行的概率很小，基本不超过 1%。总会有各种各样的错误（bug）需要修正。关于调试有如下一个故事：马克 2 号（Harvard Mark II）编制程序的葛丽丝·霍波（Grace Hopper）是一位计算机科学家，她在调试设备时出现故障，拆开继电器后，发现有只飞蛾被夹扁在触点中间，从而“卡”住了机器的运行。于是，霍波诙谐地把程序故障统称为“臭虫（BUG）”，把排除程序故障叫作 DEBUG，从此 DEBUG 成为计算机领域的专业行话。

下面介绍 Python3 的相关调试方法。

15.3.1 print 函数

使用 print()把可能有问题的关键变量输出，进行分析，检查是否有错。这种方法简单有效。凡是用 print()来辅助查看的地方，都可以用断言（assert）来替代。

15.3.2 pdb

pdb 是 Python 自带的一个包，为 Python 程序提供了一种交互的源代码调试功能，主要特性包括设置断点、单步调试、进入函数调试、查看当前代码、查看栈片段、动态改变变量的值等。pdb 提供了一些常用的调试命令，详情如表 15-2 所示。

表 15-2 pdb 调试命令

命令	解释
break 或 b 设置断点	设置断点
continue 或 c	继续执行程序
list 或 l	查看当前行的代码段
step 或 s	进入函数
return 或 r	执行代码直到从当前函数返回
exit 或 q	中止并退出
next 或 n	执行下一行
pp	打印变量的值
help	帮助

【例 15-9】 pdb 举例。

在 D:\下打开 test_pdb.py 文件，内容如下所示。

```
def sum_nums(n):
    s=0
    for i in range(n):
        s += i
        print(s)
if __name__ == '__main__':
```

```
    sum_nums(5)
```

启动 Python 调试器有如下两种方法。

方法一：直接在命令行参数指定使用 pdb 模块启动 Python 文件，在 Anaconda Prompt 下输入如下命令：

```
python -m pdb d:\test_pdb.py
```

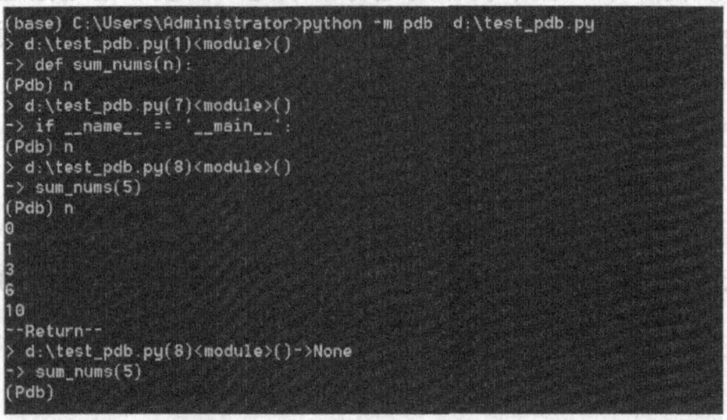

方法二：调用 pdb 模块的 set_trace 方法设置一个断点，当程序运行至此时，将会暂停执行并打开 pdb 调试器。在 d:\ test_pdb.py 文件中增加 pdb 模块的 set_trace 方法，如下所示。

```
import pdb
def sum_nums(n):
    s=0
    for i in range(n):
        pdb.set_trace()     #调用 pdb 模块的 set_trace 方法设置一个断点
        s += i
        print(s)
if __name__ =='__main__':
sum_nums(5)
```

在 Anaconda Prompt 下输入如下命令：

```
python   d:\test_pdb.py
```

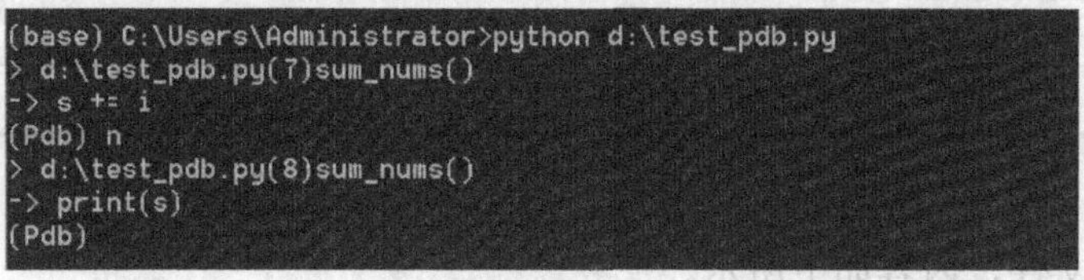

15.3.3 ipdb

ipdb 作为开源的 Python 调试器，与 pdb 有相同的接口。ipdb 相对于 pdb，就相当于 IPython 之于 Python，具有语法高亮、tab 补全、更友好的堆栈信息等高级功能，在易用性方面做了很多的改进。需要注意的是，ipdb 是第三方的库，必须使用 pip 安装。

在 Anaconda Prompt 下输入如下命令：

```
pip install ipdb
```

```
(base) C:\Users\Administrator>pip install ipdb
Requirement already satisfied: ipdb in c:\programdata\anaconda3\lib\site-package
s
Requirement already satisfied: setuptools in c:\programdata\anaconda3\lib\site-p
ackages (from ipdb)
Requirement already satisfied: ipython>=5.0.0; python_version >= "3.3" in c:\pro
gramdata\anaconda3\lib\site-packages (from ipdb)
Requirement already satisfied: jedi>=0.10 in c:\programdata\anaconda3\lib\site-p
ackages (from ipython>=5.0.0; python_version >= "3.3"->ipdb)
Requirement already satisfied: decorator in c:\programdata\anaconda3\lib\site-pa
ckages (from ipython>=5.0.0; python_version >= "3.3"->ipdb)
Requirement already satisfied: pickleshare in c:\programdata\anaconda3\lib\site-
packages (from ipython>=5.0.0; python_version >= "3.3"->ipdb)
Requirement already satisfied: simplegeneric>0.8 in c:\programdata\anaconda3\lib
\site-packages (from ipython>=5.0.0; python_version >= "3.3"->ipdb)
Requirement already satisfied: traitlets>=4.2 in c:\programdata\anaconda3\lib\si
te-packages (from ipython>=5.0.0; python_version >= "3.3"->ipdb)
Requirement already satisfied: prompt_toolkit<2.0.0,>=1.0.4 in c:\programdata\an
aconda3\lib\site-packages (from ipython>=5.0.0; python_version >= "3.3"->ipdb)
Requirement already satisfied: pygments in c:\programdata\anaconda3\lib\site-pac
kages (from ipython>=5.0.0; python_version >= "3.3"->ipdb)
Requirement already satisfied: colorama in c:\programdata\anaconda3\lib\site-pac
kages (from ipython>=5.0.0; python_version >= "3.3"->ipdb)
Requirement already satisfied: parso==0.1.* in c:\programdata\anaconda3\lib\site
-packages (from jedi>=0.10->ipython>=5.0.0; python_version >= "3.3"->ipdb)
Requirement already satisfied: ipython_genutils in c:\programdata\anaconda3\lib\
site-packages (from traitlets>=4.2->ipython>=5.0.0; python_version >= "3.3"->ipd
b)
Requirement already satisfied: six in c:\programdata\anaconda3\lib\site-packages
 (from traitlets>=4.2->ipython>=5.0.0; python_version >= "3.3"->ipdb)
Requirement already satisfied: wcwidth in c:\programdata\anaconda3\lib\site-pack
ages (from prompt_toolkit<2.0.0,>=1.0.4->ipython>=5.0.0; python_version >= "3.3"
->ipdb)
```

【例 15-10】 ipdb 举例。

在 d:\ test_pdb.py 文件中增加 ipdb 模块的 set_trace 方法，如下所示。

```
import ipdb
def sum_nums(n):
    s=0
    for i in range(n):
        ipdb.set_trace()      #调用 pdb 模块的 set_trace 方法设置一个断点
        s += i
        print(s)
if __name__ == '__main__':
sum_nums(5)
```

在 Anaconda Prompt 下输入如下命令：

```
python   d:\test_pdb.py
```

```
(base) C:\Users\Administrator>python d:\test_pdb.py
> d:\test_pdb.py(7)sum_nums
      6         ipdb.set_trace()
----> 7         s += i
      8         print(s)

ipdb>
```

15.3.4 Spyder 调试

高级程序设计语言，如 VB.net、C++、Java、Python 等的 IDE 编程环境都具有三种调试工具，分别是单步运行、监视变量和设置断点。这三种调试工具的有机组合使用，可以帮助用户分析思考程序，找到语义错误。

1）单步运行：单步运行又名逐语句，使得程序代码一行一行地执行，IDE 一般会用色带标识程序当前的运行位置。只有单击单步运行，程序代码才能前进。

2）监视变量：添加查看器用于监视变量，通过逐语句地单步执行，观察变量是如何一步一步地改变。

3）设置断点：程序运行到断点处，就停止了，就“断”了，不能再往下执行。断点是挂起程序执行的一个标记。

Spyder 调试功能如图 15-1 所示。

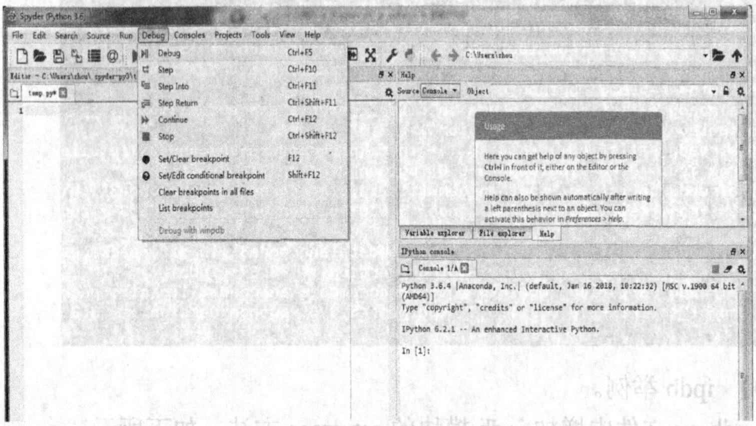

图 15-1 Spyder 调试功能

单击 Spyder 工具栏上的 Debug file 按钮，或者使用快捷键〈Ctrl+F5〉开始调试，如图 15-2 所示，出现了 ipdb 提示符，说明已经进入了调试模式。在 Variable explorer 可以查看语句中变量的变化情况。

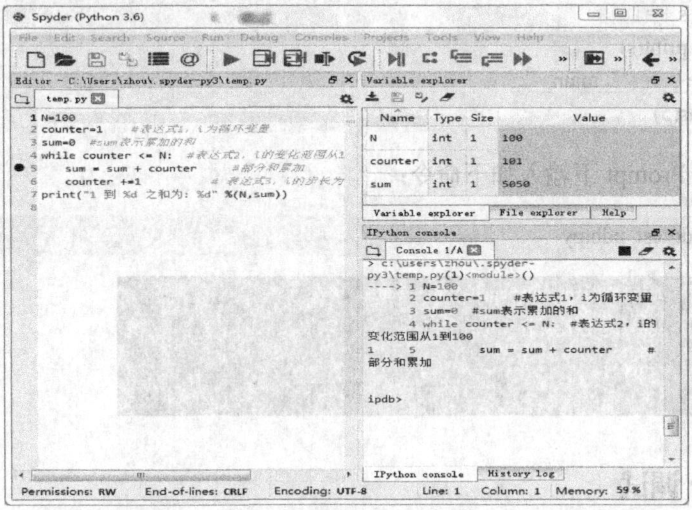

图 15-2 Spyder 调试

15.4 测试

本节介绍单元测试工具 PyUnit 和 Web 测试工具 selenium。

15.4.1 测试驱动

例如，针对函数 abs()可以编写出以下几类测试用例：

- 输入正数，比如 1、1.2、0.99，期待返回值与输入相同。
- 输入负数，比如-1、-1.2、-0.99，期待返回值与输入相反。
- 输入 0，期待返回 0。
- 输入非数值类型，比如 None、[]、{}，期待抛出 TypeError。

函数 abs()通过了以上的测试，说明函数 abs()能够正常工作。如果测试不通过，说明函数 abs()有 bug，需要对 abs()进行修改，直到通过测试。这就是测试驱动开发，英文全称 Test-Driven Development，简称 TDD。将测试驱动比喻为建筑工人盖房子，工人师傅砌墙时，总是先在桩子上拉直线，用于保证砖能够垒得笔直。TDD 中先写测试代码，就像工人师傅先用桩子拉上线，其后编写代码。测试驱动有助于编写出简洁可用和高质量的代码，加速软件开发的过程。

15.4.2 单元测试

Python 单元测试框架（The Python Unit Testing Framework），简称为 PyUnit，是 Kent Beck 和 Erich Gamma 设计的 JUnit 的 Python 版本。Python2.1 及其以后的版本都将 PyUnit 作为一个标准模块，即 Python 的 unittest 模块。

使用 unittest 之前，先了解如下几个概念，如表 15-3 所示。

表 15-3 PyUnit 相关概念

概　念	解　释
test case	测试用例，通过创建 unitest.TestCase 类的子类创建一个测试用例
test fixture	执行测试用例前的测试准备工作、测试用例执行后的清理工作（分别对应 TestCase 中的 setUp()和 tearDown()方法）
test suite	测试套，是测试用例、测试套或者两者的集合，用来将有关联的测试项打包
test runner	负责执行测试并将结果展示给用户，可以展示图形或文字形式的结果，或者返回一个错误码标识测试用例的执行结果。test runner 提供了一个方法 run()，接受一个 unittest.TestSuite 或 unittest.TestCase 实例作为参数，执行对应测试项目后返回测试结果 unittest.TestResult 对象

PyUnit 操作步骤如下。

步骤 1：import unittest。

步骤 2：定义一个继承自 unittest.TestCase 的测试用例类。

步骤 3：定义 setUp 和 tearDown，在每个测试用例前后做一些辅助工作。

步骤 4：定义测试用例，每一个测试项目的函数定义以 test 开头命名，这样 test runner 就知道哪些函数是应该被执行的。

步骤 5：一个测试用例应该只测试一个方面，测试目的和测试内容应很明确。主要是调用 assertEqual、assertRaises 等断言方法，判断程序执行结果和预期值是否相符。

步骤 6：调用 unittest.main()启动测试。

步骤 7：如果测试未通过，会输出相应的错误提示。

【例 15-11】 Pyunit 测试举例。

```
import unittest
class Person:                                          # 将要被测试的类
    def age(self):
        return 34
    def name(self):
        return 'bob'

class PersonTestCase(unittest.TestCase):               #测试用例类继承于 unittest.TestCase
    def setUp(self):
        self.man = Person()
        print('set up now')
    def test1(self):                                   #测试用例
        self.assertEqual(self.man.age(), 34)           #动态测试方法 assertEqual( , )
    def test2(self):
        self.assertEqual(self.man.name(), 'bob')
    def test3(self):
        self.assertEqual(223,23)

if __name__ == '__main__':
    unittest.main()
```

程序运行结果如下。

```
..Fset up now
set up now
set up now

======================================================================
FAIL: test3 (__main__.PersonTestCase)
----------------------------------------------------------------------
Traceback (most recent call last):
  File "C:/Users/Administrator/.spyder-py3/temp.py", line 17, in test3
    self.assertEqual(223,23)
AssertionError: 223 != 23

----------------------------------------------------------------------
Ran 3 tests in 0.006s

FAILED (failures=1)
```

【解析】 test1、test2 都运行正确，而 test3 给出测试失败的错误提示，分析 self.assertEqual(223,23)代码可知错误原因所在。

15.4.3 Web 测试

Selenium IDE 用于录制回放用户在 Firefox 的操作行为，可到 Selenium 官网：http://seleniumhq.org/download/ 下载相应 Firefox 插件。

1．安装 Selenium IDE

打开 FireFox 浏览器，按“工具-附件组件-获取添加组件”菜单顺序找到插件安装页面，在搜索栏输入“selenium ide”进行搜索，选择“selenium ide”进行安装，如图 15-3 所示。

图 15-3 Selenium IDE 的安装

安装成功后重启 FireFox，在“工具”菜单栏下可以看到“Selenium IDE”菜单项，如图 15-4 所示。

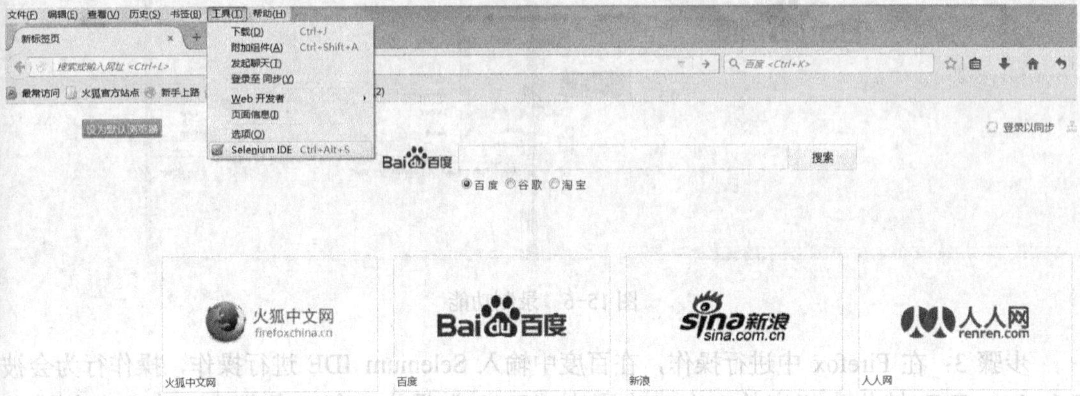

图 15-4 Selenium IDE 菜单项

打开 Selenium IDE，进入 Selenium IDE 主页面，如图 15-5 所示。

2．Selenium IDE 测试

（1）录制功能

步骤 1：启动 Firefox 浏览器，输入网址 www.baidu.com。

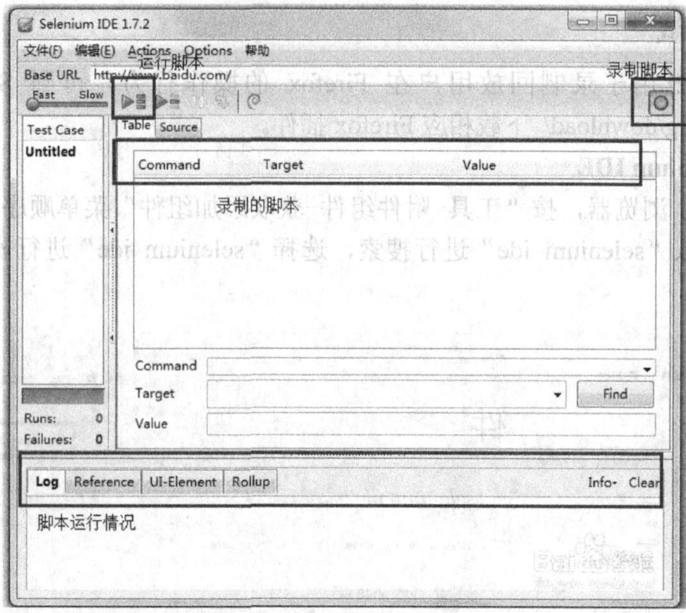

图 15-5 Selenium IDE 主页面

步骤 2：从工具菜单中打开 Selenium IDE，Base URL 中将默认为 www.baidu.com，如图 15-6 所示。

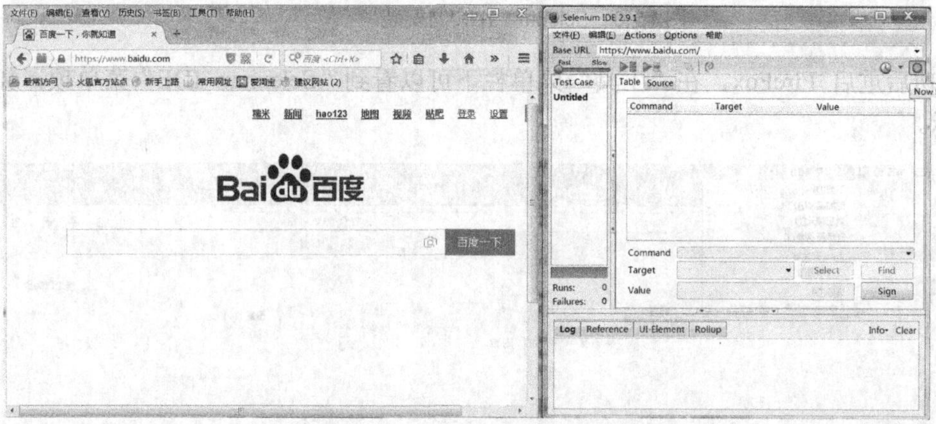

图 15-6 录制功能

步骤 3：在 Firefox 中进行操作，在百度中输入 Selenium IDE 进行操作，操作行为会被 Selenium IDE 转化为相应的命令，出现在“Table”框中，每一条都由三个部分组成：Command（命令，如单击 click），Target（目标，即命令的作用对象，如单击选中的按钮），Value（值，如输入框中的文本字符串），如图 15-7 所示。

步骤 4：在 selenium IDE 主页面单击“Base URL”输入框右下方的红色按钮，停止录制。Selenium IDE 的“Source”框中生成 html 的测试脚本，用于回放。录制脚本默认生成 HTML 语言，也可选择生成 Java、C#、Python 等其他语言。录制的脚本要通过“文件”中的功能菜单来保存，如图 15-8 所示。

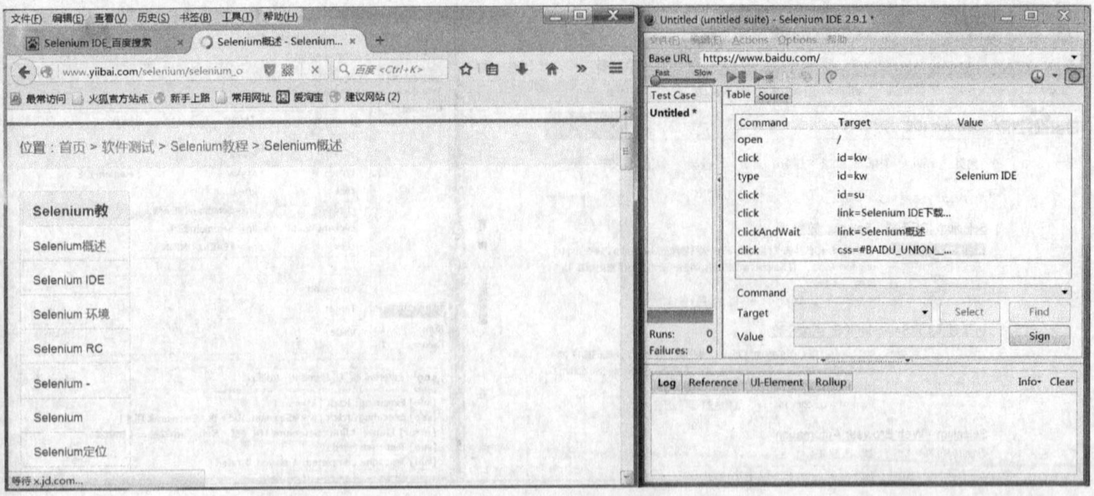

图 15-7　相应的命令

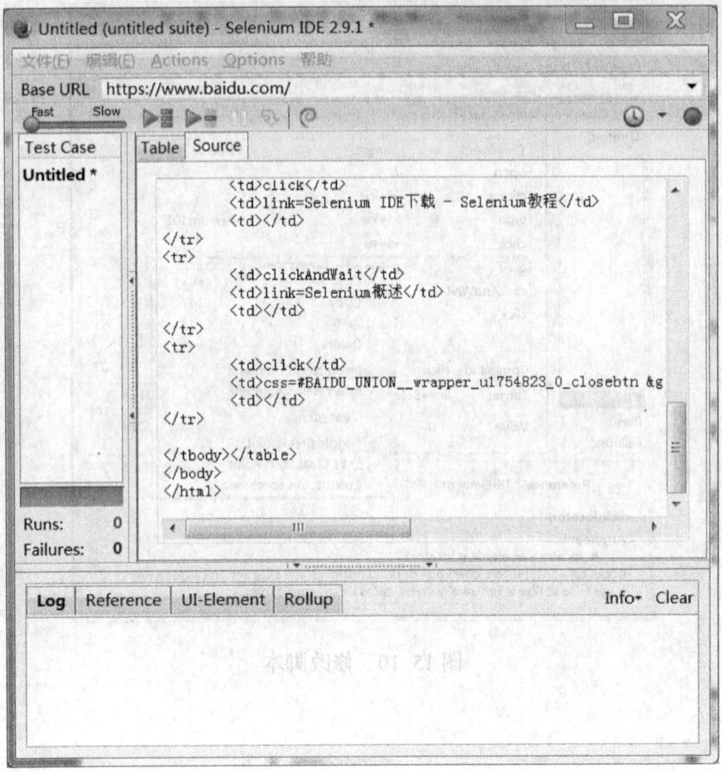

图 15-8　保存录制脚本

（2）回放功能

在 Selenium IDE 主页面单击“运行脚本”按钮，开始回放后，在 FireFox 浏览器中看到 IDE 在自动回放先前录制的动作，如图 15-9 所示。

回放的过程往往会出现一些问题，可以通过添加相关命令修改脚本，如图 15-10 所示。

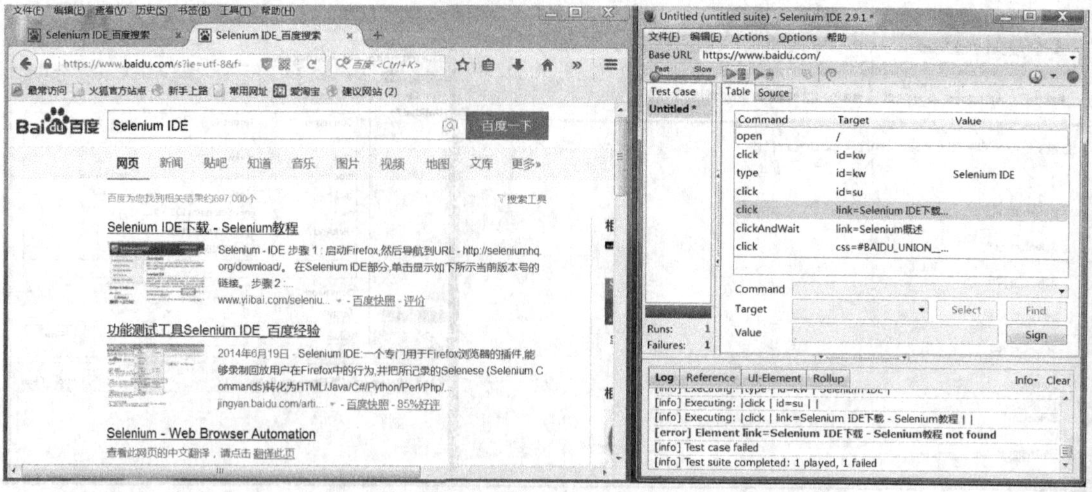

图 15-9 回放功能

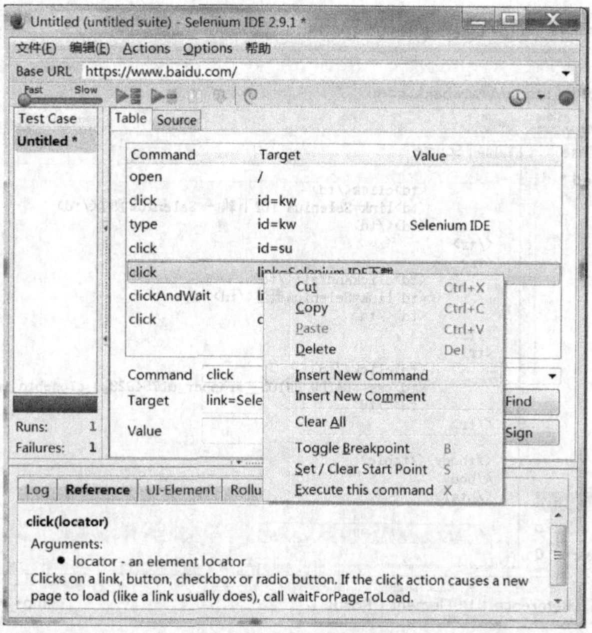

图 15-10 修改脚本

附　录

附录 A　全国计算机等级考试二级 Python 语言程序设计考试大纲（2018 年版）

一、基本要求

1．掌握 Python 语言的基本语法规则。

2．掌握不少于 2 个基本的 Python 标准库。

3．掌握不少于 2 个 Python 第三方库，掌握获取并安装第三方库的方法。

4．能够阅读和分析 Python 程序。

5．熟练使用 IDLE 开发环境，能够将脚本程序转变为可执行程序。

6．了解 Python 计算生态在以下方面（不限于）的主要第三方库名称：网络爬虫、数据分析、数据可视化、机器学习、Web 开发等。

二、考试内容

（一）Python 语言基本语法元素

1．程序的基本语法元素：程序的格式框架、缩进、注释、变量、命名、保留字、数据类型、赋值语句、引用。

2．基本输入输出函数：input()、eval()、print()。

3．源程序的书写风格。

4．Python 语言的特点。

（二）基本数据类型

1．数字类型：整数类型、浮点数类型和复数类型。

2．数字类型的运算：数值运算操作符、数值运算函数。

3．字符串类型及格式化：索引、切片、基本的 format()格式化方法。

4．字符串类型的操作：字符串操作符、处理函数和处理方法。

5．类型判断和类型间转换。

（三）程序的控制结构

1．程序的三种控制结构。

2．程序的分支结构：单分支结构、二分支结构、多分支结构。

3．程序的循环结构：遍历循环、无限循环、break 和 continue 循环控制。

4．程序的异常处理：try-except。

（四）函数和代码复用

1．函数的定义和使用。

2．函数的参数传递：可选参数传递、参数名称传递、函数的返回值。

3．变量的作用域：局部变量和全局变量。

（五）组合数据类型

1．组合数据类型的基本概念。

2．列表类型：定义、索引、切片。

3．列表类型的操作：列表的操作函数、列表的操作方法。

4．字典类型：定义、索引。

5．字典类型的操作：字典的操作函数、字典的操作方法。

（六）文件和数据格式化

1．文件的使用：文件打开、读写和关闭。

2．数据组织的维度：一维数据和二维数据。

3．一维数据的处理：表示、存储和处理。

4．二维数据的处理：表示、存储和处理。

5．采用 CSV 格式对一、二维数据文件的读写。

（七）Python 计算生态

1．标准库：turtle 库（必选）、random 库（必选）、time 库（可选）。

2．基本的 Python 内置函数。

3．第三方库的获取和安装。

4．脚本程序转变为可执行程序的第三方库：PyInstaller 库（必选）。

5．第三方库：jieba 库（必选）、wordcloud 库（可选）。

6．更广泛的 Python 计算生态，只要求了解第三方库的名称，不限于以下领域：网络爬虫、数据分析、文本处理、数据可视化、用户图形界面、机器学习、Web 开发、游戏开发等。

三、考试方式

上机考试，考试时长 120 分钟，满分 100 分。

1．题型及分值

单项选择题 40 分（含公共基础知识部分 10 分）。

操作题 60 分（包括基本编程题和综合编程题）。

2．考试环境

Windows 7 操作系统，建议 Python 3.4.2 至 Python 3.5.3 版本，IDLE 开发环境。

附录 B　内置函数

B.1　数学函数

Python 中的数学函数包含在 Math 类中，引入 Math 库使用如下命令。

```
import Math
```

数学函数如表 B-1 所示。

表 B-1　数学函数

函　数	描　述	举　例
abs(x)	返回数字的绝对值	>>>abs(−10) 10
ceil(x)	返回数字上入整数	>>>math.ceil(4.1) 5
exp(x)	返回 e 的 x 次幂	>>>math.exp(1) 2.718281828459045
fabs(x)	返回整型数字的绝对值	>>>math.fabs(−10) 10.0
floor(x)	返回数字的下舍整数	>>>math.floor(4.9) 4
log10(x)	返回以 10 为基数的 x 的对数	>>>math.log10(100) 2.0
max(x_1, x_2,...)	返回给定参数的最大值，参数可以为序列	>>> max (3,5,4) 5
min(x_1, x_2,...)	返回给定参数的最小值，参数可以为序列	>>> min([3,5,4]) 3
pow(x, y)	x**y 运算后的值	>>>pow(3,2) 9
round(x [,n])	返回浮点数 x 的四舍五入值，n 代表舍入到小数点后的位数	>>>math. round (4.6) 5
sqrt(x)	返回数字 x 的平方根	>>>math. sqrt(4) 2.0

B.2　转换函数

表 B-2　常用的转换函数

函　数	描　述	实　例	结　果
ord()	返回字符的 ASCII 编码	Ord('A')	65
chr()	返回指定编码的字符	Chr(97)	'a'
bin( )	十进制数转换成二进制数	bin(4)	0b100
oct( )	十进制数转换成八进制数	oct(8)	010
hex()	十进制数转换成十六进制数	hex(100)	0x64
int()	取整	int(−2.5) int(2.5)	−2 2
float(x)	将 x 转换为一个浮点数	float(2)	2.0
complex(real [,imag])	创建一个复数	complex(2,3)	(2+3j)
str()	数值转化成字符串	str(122.35)	"122.35"
eval(x)	将字符串 str 当作有效表达式求值返回结果	eval ("12")	12
tuple(s)	将序列 s 转换为一个元组	tuple([1,2,3])	(1,2,3)
list(s)	将序列 s 转换为一个列表	list((1,2,3))	[1,2,3]
set(s)	转换为可变集合	set([1,4,2,4,3,5])	{1,2,3,4,5}
dict(d)	创建一个字典 (key,value)	dict([('a', 1), ('b', 2), ('c', 3)])	{'a':1, 'b':2, 'c':3}

B.3 随机数函数

Python 中用于生成伪随机数的函数库是 random。引入 random 库使用如下命令。

```
import  random
```

random 库包含基本随机函数和扩展随机函数两类函数，基本随机函数如表 B-3 所示，扩展随机函数如表 B-4 所示。

表 B-3 基本随机函数

函数	描述	举例
seed(a=None)	初始化给定的随机数种子，默认为当前系统时间	>>>random.seed(10) #产生种子 10 对应的序列
random()	生成一个[0.0,1.0)之间的随机小数	>>>random.random() 0.5714025946899135

表 B-4 扩展随机函数

函数	描述	举例
randint(a,b)	生成一个[a,b]之间的整数	>>>random.randint(10,100) 64
randrange(m,n[,k])	生成一个[m,n)之间以 k 为步长的随机整数	>>>random.randrange(10,100,10) 80
getrandbits(k)	生成一个 k 比特长的随机整数	>>>random.getrandbits(16) 37885
uniform(a,b)	生成一个[a,b]之间的随机小数	>>>random.uniform(10,100) 11.3349201422
choice(seq)	从序列中随机选择一个元素	>>>random.choice([1, 2, 3, 4, 5, 6, 7, 8, 9]) 8
shuffle(seq)	将序列 seq 中元素随机排列，返回打乱后的序列	>>>s=[1, 2, 3, 4, 5, 6, 7, 8, 9] >>> random.shuffle(s) >>>s [9, 4, 6, 3, 5, 2, 8, 7, 1]

B.4 时间函数

time 库是 Python 中处理时间的标准库。

```
import time
```

time 库包含时间获取、时间格式化和程序计时应用三类函数，分别介绍如下。

（1）时间获取

时间获取函数如表 B-5 所示。

表 B-5 时间获取函数

函数	描述	举例
time()	获取当前时间戳，即计算机内部时间值，浮点数	>>>time.time() 1516939876.6022282

（续）

函数	描述	举例
ctime()	获取当前时间并以易读方式表示，返回字符串	>>>time.ctime() 'Fri Jan 26 12:11:16 2018'
gmtime()	获取当前时间，表示为计算机可处理的时间格式	>>>time.gmtime() time.struct_time(tm_year=2018, tm_mon=1,tm_mday=26, tm_hour=4, tm_min=11, tm_sec=16,tm_wday=4, tm_yday=26, tm_isdst=0)

（2）时间格式化

函数 strftime(tpl, ts)用于时间的格式化表示。

参数如下：

tpl 是格式化模板字符串，用来定义输出效果。

ts 是计算机内部时间类型变量。

函数 strftime(tpl, ts)举例如下：

```
>>>t = time.gmtime()
>>>time.strftime("%Y-%m-%d %H:%M:%S",t)
'2018-01-26 12:55:20'
```

函数 strftime(tpl, ts)的格式化字符串含义如表 B-6 所示。

表 B-6　时间格式化函数

格式化字符串	描　述	值 范 围	举　例
%Y	年份	0000～9999	例如：1900
%m	月份	01～12	例如：10
%B	月份名称	January～December	例如：April
%b	月份名称缩写	Jan～Dec	例如：Apr
%d	日期	01～31	例如：25
%A	星期	Monday～Sunday	例如：Wednesday
%a	星期缩写	Mon～Sun	例如：Wed
%H	小时（24h 制）	00～23	例如：12
%h	小时（12h 制）	01～12	例如：7
%p	上/下午	AM, PM	例如：PM
%M	分钟	00～59	例如：26
%S	秒	00～59	例如：26

（3）程序计时应用

程序计时函数如表 B-7 所示。

表 B-7　程序计时函数

函　　数	描　　述	举　　例
perf_counter()	返回一个 CPU 级别的精确时间计数值，单位为秒。由于这个计数值起点不确定，连续调用差值才有意义	>>>start = time.perf_counter() 318.66599499718114 >>>end = time.perf_counter() 341.3905185375658 >>>end – start 22.724523540384666
sleep(s)	s 拟休眠的时间，单位是秒，可以是浮点数	>>>def wait(): time.sleep(3.3) >>>wait() #程序将等待 3.3 秒后再退出

B.5　列表函数

列表函数如表 B-8 所示。

表 B-8　列表方法

函　　数	描　　述
alist.append(obj)	列表末尾增加元素 obj
alist.count(obj)	统计元素 obj 出现次数
alist.extend(sequence)	用 sequence 扩展列表
alist.index(obj)	返回列表中元素 obj 的索引
alist.insert(index,obj)	在 index 索引之前添加元素 obj
alist.pop(index)	删除索引的元素
alist.remove(obj)	删除指定元素
alist.reverse（tuple）	原地反转列表元素顺序
alist.sort(tuple)	为列表排序

B.6　元组函数

元组函数如表 B-9 所示。

表 B-9　元组函数

函　　数	功　　能
len（tuple）	元组所包含的元素的个数
min（tuple）	元组中最小值
max（tuple）	元组中最大值
sum（tuple）	元组中切片之间的和

B.7　字符串函数

字符串函数如表 B-10 所示。

表 B-10　字符串函数

函　数	描　述
s.index (sub, [start, end])	定位子串 sub 在 s 里第一次出现的位置
s.find(sub, [start, end]})	与 index 函数一样，但如果找不到会返回-1
s.replace(old, new [,count])	替换 s 里所有 old 子串为 new 子串，count 指定多少个可被替换
s.count(sub[，start，end])	统计 s 里有多少个 sub 子串
s.split( )	默认分隔符是空格 ''
s.join()	join()方法是 split()方法的逆方法，用来把字符串连接起来
s.lower()	返回将大写字母变成小写字母的字符串
s.upper()	返回将小写字母变成大写字母的字符串
isalnum()	如果字符串至少有一个字符并且所有字符都是字母或数字则返回 True，否则返回 False
isalpha()	如果字符串至少有一个字符并且所有字符都是字母则返回 True，否则返回 False
isdecimal()	如果字符串只包含十进制数字则返回 True，否则返回 False
isdigit()	如果字符串只包含数字则返回 True，否则返回 False
islower()	如果字符串中至少包含一个区分大小写的字符，并且这些字符都是小写，则返回 True，否则返回 False
isnumeric()	如果字符串中只包含数字字符，则返回 True，否则返回 False
isspace()	如果字符串中只包含空格，则返回 True，否则返回 False
istitle()	如果字符串是标题化（所有的单词都是以大写开始，其余字母均小写），则返回 True，否则返回 False
isupper()	如果字符串中至少包含一个区分大小写的字符，并且这些字符都是大写，则返回 True，否则返回 False
ljust(width)	返回一个左对齐的字符串，并使用空格填充至长度为 width 的新字符串
lstrip()	去掉字符串左边的所有空格
partition(sub)	找到子字符串 sub，把字符串分成一个 3 元组（pre_sub, sub, fol_sub），如果字符串中不包含 sub 则返回（'原字符串', '', ''）
split(sep=None, maxsplit=-1)	不带参数默认是以空格为分隔符切片字符串，如果 maxsplit 参数有设置，则仅分隔 maxsplit 个子字符串，返回切片后的子字符串拼接的列表
splitlines(([keepends]))	在输出结果里是否去掉换行符，默认为 False，不包含换行符；如果为 True，则保留换行符
startswith(prefix[, start[, end]])	检查字符串是否以 prefix 开头，是则返回 True，否则返回 False。start 和 end 参数可以指定范围检查，可选
strip([chars])	删除字符串前边和后边所有的空格，chars 参数可以指定删除的字符，可选
swapcase()	翻转字符串中的大小写
title()	返回标题化（所有的单词都是以大写开始，其余字母均小写）的字符串

B.8　字典函数

字典函数如表 B-11 所示。

表 B-11 字典函数

函　数	描　述
aDic.clear()	删除字典所有元素
aDic.copy()	返回字典副本
aDic.get(key)	返回字典的 key
aDic.has_key(key)	检查字典是否有给定的键
aDic.items()	返回表示字典（键、值）对应表
aDic.keys()	返回字典键的列表
aDic.pop(key)	删除并返回给定键
aDic.values()	返回字典值的列表

B.9 集合函数

集合函数如表 B-12 所示。

表 B-12 集合函数

函　数	描　述
s.add (x)	将数据项 x 添加到集合 s 中
s.remove (x)	从集合 s 中删除数据项 x
s.clear( )	移除集合 s 中的所有数据项
s.copy()	替换 s 里所有 old 子串为 new 子串，count 指定多少个可被替换
s.count(sub[, start, end])	统计 s 里有多少个 sub 子串
s.split( )	默认分隔符是空格 ''，如果没有分隔符，就把整个字符串作为列表的一个元素
s.join()	join()方法是 split()方法的逆方法，用来把字符串连接起来
s.lower( )	返回将大写字母变成小写字母的字符串
s.upper( )	返回将小写字母变成大写字母的字符串

附录 C　参考答案

第 1 章　Python 编程概述

1．程序设计语言经过了哪些阶段？

【解答】程序设计语言的发展经过了以下几个阶段。

（1）第一代程序设计语言

机器语言是用二进制代码表示的计算机能直接识别和执行的一种机器指令的集合，指令是由 0 和 1 组成的一串代码，通过线路变成电信号，让计算机执行各种不同的操作。机器语言具有直接执行特点。编程人员需要熟记所用计算机的全部的由若干个 0 和 1 组成的指令代码和代码的含义，机器语言具有难读、难编、难记和易出错的缺点。

（2）第二代程序设计语言

为了克服机器语言的缺点，人们用与代码指令实际含义相近的英文缩写词、字母和数字等符号来取代指令代码（如用 ADD 表示运算符号"+"的机器代码），采用助记符号编写程序，于是就产生了汇编语言。汇编语言比用机器语言的二进制代码编程要方便些，在一定程度上简化了编程过程。

汇编语言又称为符号语言，不能直接被机器识别，要使用一种程序将汇编语言翻译成机器语言。当汇编语言产生面向硬件操作控制信息的指令时，使用起来依旧繁琐，程序无结构，通用性也差。但是，使用汇编语言来编制系统软件和过程控制软件，其目标程序占用内存空间少，运行速度快，有着高级语言不可替代的用途。

（3）第三代程序设计语言

由于机器语言、汇编语言依赖于硬件体系，要求使用者必须对硬件结构及其工作原理都十分熟悉，因此人们又发明了与人类自然语言相接近且能为计算机所接受的规则明确、通用易学的计算机语言，其语法和结构具有类似文字的表现形式。1954 年，第一个面向科学计算的高级计算机语言——FORTRAN 语言被正式推广使用，FORTRAN 语言是 Formula Translation 的缩写，意为"公式翻译"，是数值计算领域所使用的主要语言。1972 年，作为程序语言的里程碑，C 语言不但具有高级语言的特点，又具有汇编语言的特点，逐渐成为教学科研和软件开发的主要语言。

（4）第四代程序设计语言

面向对象程序设计语言、脚本语言、人工智能语言等通常被认为是第四代程序设计语言。SIMULA67 是第一个面向对象程序设计语言，特别是 1995 年 5 月由 Sun 公司推出的 Java 程序设计语言，可以撰写跨平台应用软件。第四代程序设计语言提供了功能强大的非过程化问题定义手段，用户只需告知系统做什么，而无需说明怎么做，因此可大大提高软件生产效率。Python 就属于第四代程序设计语言。

2．简述 Python 的功能和特点。

【解答】 Python 是一种简单易学，功能强大的编程语言，它有高效率的高层数据结构，简单而有效地实现面向对象编程。Python 具有简单易学、免费开源、解释型语言、面向对象、丰富的库等特点。

第 2 章　基本数据类型

1．选择题

（1）不能正确表达数学关系 10<a<15 的 Python 表达式是（A、D）。

A）10<a<15　　B）a=11 Or a=12 Or a=13 Or a=14

C）a>10 And a<15　　D）10<a　or　a<15

（2）表达式 5 / 4 * 6 // 5% 2 的输出结果是（B）。

A）1　　B）1.0　　C）True　　D）5

（3）与关系表达式 x==0 等价的表达式是（D）。

A）x=0　　B）not x　　C）x　　D）x!=1

（4）下列表达式中，值不是 1 的是（D）。

A）4//3　　B）15%2　　C）1^0　　D）~1

（5）X，Y，Z 表示三角形的三条边，"三角形任意两边和大于第三边"的布尔表达式是

(　　)。

A）X+Y>Z And X+Z>Y And Y+Z>X　B）X+Y>Z or X+Z>Y or Y+Z>X

C）X+Y>Z　　　　　　　　　　　D）X+Y>Z or X+Z>Y

2．运算题

（1）5 % 3 + 3 // 5*2

【解析】：表达式 5 % 3 + 3 // 5*2，其中的乘法和除法运算的优先级最高且属同一级运算，因此，先计算 5 % 3 结果为 2，3 // 5 结果为 0，此时表达式简化为 2+0*2，其运算结果为 2。

【答案】2

（2）int (1234.5678*10+0.5)%100

【解析】：本题主要考查 int 函数的功能。int 函数的格式为 int（X），其功能是求不大于 X 的最大整数，如 int(5.7)，结果为 5，int(-10.9)结果为-11。对于表达式 int(1234.5678*10+0.5) %100，要先计算括号内的参数值，结果为 12346.178，这样整个表达式简化为 int(12346.178)%100。即 int 函数 int(12346.178)的运算结果为 12346，整个表达式结果为 46。

【答案】46

（3）3+4>5 and 5==6

【解析】：按照运算符的优先级高低，进行计算。

【答案】False

（4）!（4==6）and 5+7/2 or 0

【解析】：按照运算符的优先级高低，进行计算。

【答案】8.5

（5）7 % 3+6*4-4/5

【解析】：按照运算符的优先级高低，进行计算。

【答案】24.2

第 3 章　组合数据类型

1．在列表中输入多个数据作为圆的半径，得出相应的圆的面积。

【解答】

```
radius=input('please input radiuses in list')
radius=radius.split(",")
radius = [int(radius[i]) for i in range(len(radius))]        #for 循环，把每个字符转成 int 值
for r in radius:
print('the area of the circle with the radius of %d is:'%r,3.14*r*r)
```

程序运行结果如下所示。

```
please input radiuses in list2,3,4
the area of the circle with the radius of 2 is: 12.56
the area of the circle with the radius of 3 is: 28.259999999999998
the area of the circle with the radius of 4 is: 50.24
```

2．输入一段英文文章，求其长度，并求出包含多少个单词。

【解答】

```
s = input("please input a string:")
len=len(s)
counter=0
for i in s.split(' '):
    if i:
        counter+=1
print("The length is:%.f"%len)
print("The counter is:%.f"%counter)
```

【运行结果】

```
please input a string:I am a boy
The length is:10
The counter is:4
```

3．随意输入 10 个学生的姓名和成绩构成的字典，按照成绩大小排序。

【解答】

```
studscore = {}
counter=0
while counter<10:
    key = raw_input('Input name:')
    value = raw_input('Input score:')
    studscore[key] = value
    counter+=1
dict =sorted(studscore.iteritems(),key=lambda d:d[1])
print "order by score"
print dict
```

【运行结果】

```
Input name:wang
Input score:90
Input name:zhang
Input score:67
Input name:hai
Input score:45
Input name:zhou
Input score:78
Input name:jin
Input score:89
Input name:pan
Input score:87
Input name:shui
Input score:78
Input name:tai
Input score:67
```

```
Input name:tian
Input score:67
Input name:ff
Input score:56
order by score
[('hai', '45'), ('ff', '56'), ('zhang', '67'), ('tian', '67'), ('tai', '67'), ('zhou', '78'), ('shui', '78'), ('pan', '87'), ('jin', '89'), ('wang', '90')]
```

4．输入 10 个学生的姓名和年龄构成的字典，读出其键和值，并分别保存输出到两个列表中。

【解答】

```
>>> studscore = {'a': 45, 'b': 78, 'c': 40, 'd': 96, 'e': 65, 'f': 90, 'g': 78, 'h': 99, 'i': 60, 'j': 87}
>>> studscore.values()
[45, 40, 78, 65, 96, 78, 90, 60, 99, 87]
>>> studscore.keys()
['a', 'c', 'b', 'e', 'd', 'g', 'f', 'i', 'h', 'j']
```

5．任意输入一串字符，输出其中不同字符以及各自的个数。例如，输入“abcdefgabc”，输出为 a->2,b->2,c->2,d->1,e->1,f->1,g->1。

【解答】

```
s=input("please input    string: ")
ms = set(s)
for item in ms:
print(item,'->',s.count(item))
```

【运行结果】

```
please input    string: abcdcbxdcbaxbcc
d -> 2
a -> 2
c -> 5
x -> 2
b -> 4
```

第 4 章　输入输出文件

1．什么是文件？文件分几类？各是什么？

【解答】 Python 可以从文件中输入数据到程序中，也可以将程序的结果输出到文件。文件分为文本文件（ASCII文件）、二进制文件。其中，图形文件及文字处理程序等计算机程序都属于二进制文件，含有特殊的格式及计算机代码。文本文件（ASCII文件）则是可以用任何文字处理程序阅读的简单文本文件。

2．Python 如何读取文件？

【解答】读文件需要三个步骤。

步骤 1：以读文件的模式打开一个文件对象，使用 Python 内置的 open()函数，传入文件名和标示符。标示符'r'表示读。如果文件不存在，open()函数就会抛出一个 IOError 的错误。

步骤 2：如果文件打开成功，调用 read()等方法读取文件内容，Python 把内容读到内存，用一个 ret 对象表示。

步骤 3：调用 close()方法关闭文件。文件使用完毕后必须关闭，因为文件对象会占用操作系统的资源。

3．Python2 与 Python3 中的默认编码是什么？

【解答】

Python2 默认是 ASCII 码，Python3 默认是 UTF−8。

4．将字符串“Python Program”写入文件，查看文件的字节数。

【解答】

```
import os
f = open('d:/test.txt','a+',encoding='utf-8')
f.write("Python   Program")
print(os.path.getsize('d:/test.txt'))
f.close()
```

5．从键盘上输入一个字符串，将小写字母全部转换成大写字母，然后输出到一个磁盘文件'output'。

【解答】

```
str = input("please input a string")
file = open('d:\\output', 'w')
file.write(str.upper())
file.close()
```

6．判断两个文件是否相同，如果不同请指出第几行不相同。

【解答】

```
def f1vsf2(name1,name2):
    f1 = open(name1)
    f2 = open(name2)
    count = 1
    msg=[]
    for line1 in f1:
        line2 = f2.readline()
        if(line1!=line2):
            msg.append("第%d 行不一样"%count)
        count+=1
    f1.close()
    f2.close()
    return msg
isbool = True
while isbool:
    fname1 = input("请输入要比较的文件 1 路径及文件名:")
    if fname1 =='':
        print("文件名不能为空请重新输入")
```

```
        break;
    fname2 = input("请输入要比较的文件 2 路径及文件名:")
    if fname2 =='':
        print("文件名不能为空请重新输入")
        break;
    result = f1vsf2(fname1,fname2)
    if len(result)==0:
        print("两个文件完全一致")
    else:
        print("两个文件共有【%d】行不同"%len(result))
        for msg in  result:
            print(msg)
    isbool = False
```

第 5 章　顺序和选择结构

1．编写一个程序：输入某个时钟的分钟数，将其转化为用小时和分钟表示。

【解答】

```
num=int(input("please input a number"))
hour= num // 60
min = num % 60
print("hour is %.f" %hour)
print("min is %.f" %min)
```

【执行结果】

```
please input a number366
hour is 6
min is 6
```

2．在购买某物品时，若标明的价钱 x 在下面范围内，所付钱 y 按对应折扣支付，其数学表达式如下：

$$y=\begin{cases} x, & x<1000 \\ 0.9x, & 1000\leqslant x<2000 \\ 0.8x, & 2000\leqslant x<3000 \\ 0.7x, & x>3000 \end{cases}$$

【解答】

```
x=int(input("please input a number"))
if x<1000:
    y=x
elif x<2000:
    y=0.9*x
elif x<3000:
    y=0.8*x
else:
```

```
    y=0.7*x
print(y)
```

【执行结果】

```
please input a number1000
900.0
```

3．编写一个程序：判断用户输入的字符是数字字符、字母字符还是其他字符。

【解答】

```
import string
c = input('input a key:')
if c.isalpha():
    print('letter')
elif c.isdigit():
    print('number')
else:
    print('other')
```

【运行结果】

```
input a key:5
number
```

4．编写计算圆面积和球体积的程序。要求输出结果只保留四位小数；如果半径的输入不合法，如含有非数值字符，提示错误。

【解答】

```
PI=3.1415926
r=input("please input a number：")
if   r.isdigit():
    r=int(r)
    area=r*r*PI
    volume= (4/3)*PI*r*r*r
    print('area is %.4f' %area)
    print('volume is %.4f' %volume)
else:
print("wrong")
```

【运行结果】

```
please input a number：4
area is 50.2655
volume is 268.0826
```

或者

```
please input a number：r
```

```
wrong
```

5．输入一行字符，分别统计出其中英文字母、空格、数字和其他字符的个数。

【解答】

```
import string
s = input('input a string:')
letter = 0
space = 0
digit = 0
other = 0
for c in s:
    if c.isalpha():
        letter+=1
    elif c.isspace():
        space+=1
    elif c.isdigit():
        digit+=1
    else:
        other+=1
print('There are %d letters,%d spaces,%d digits and %d other characters in your string.
'%(letter,space,digit,other))
```

【运行结果】

```
input a string:SF4D **2JR8F    nnD992＆＆
There are 9 letters,3 spaces,6 digits and 4 other characters in your string.
```

6．输入三角形的三条边，判断是否能组成三角形。若可以，计算该三角形的面积。

【解答】

```
import math
a,b,c=eval(input('please input 3 numbers( ","):'))
if a+b>c and a+c>b and b+c>a:
    print('this is a triangle !')
    p=(a+b+c)/2
    areaspr=p*(p-a)*(p-b)*(p-c)
    area=math.sqrt(areaspr)
    print('area=',area)
else:
print('that is not triangle!')
```

【运行结果】

```
please input 3 numbers( ","):3,4,5
this is a triangle !
area= 6.0
```

7．购买地铁车票的规定如下：乘 1～4 站，3 元/位；乘 5～9 站，4 元/位；乘 9 站以上，5 元/位。输入人数、站数，输出应付款。

【解答】

```
n, m=input('请输入人数，站数:')
if m<=4:
    pay=3*n
else:
    if m<=9:
        pay=4*n
    else:
        pay=5*n
print('应付款：', pay)
```

第 6 章　循环结构

1．从键盘输入若干整数，求所有输入的数之和，遇到输入的数为负数便结束。

【解答】

```
sum=0
num=int(input('please input a number,a negtive means the end:'))
while num>0:
    sum=sum+num
    num=int(input('please input a number,a negtive means the end:'))
print('the sum of num is :',sum)
```

【运行结果】

```
please input a number,a negtive means the end:67
please input a number,a negtive means the end:89
please input a number,a negtive means the end:90
please input a number,a negtive means the end:78
please input a number,a negtive means the end:98
please input a number,a negtive means the end:56
please input a number,a negtive means the end:-8
the sum of num is : 478
```

2．从键盘上输入 n 的值，计算 s=1+1/2+⋯+1/n!。

【解答】

```
num=int(input('please input a number:'))
sum=1.0
sumall=0.0
n=1
while n<=num:
    sum=sum*n
    sumall=sumall+1/sum
    n=n+1
print('the addition is:',sumall)
```

【运行结果】

```
please input a number:2
the addition is: 1.5
```

3．求 200 以内能够被 13 整除的最大的整数，并输出。

【解答】

```
for i in range(200,0,-1):
    if i%13==0:
        break
print('the biggest one that can be divided by 13 in 200 is:',i)
```

【运行结果】

```
the biggest one that can be divided by 13 in 200 is: 195
```

4．求 1～100 间所有偶数的和。

【解答】

```
sum=0
for x in range(1,101):
    if x % 2==0:
        sum=sum+x
print("1 ~ 100 sum is:",sum)
```

【运行结果】

```
('1 ~ 100 sum is:', 2550)
```

5．猴子吃桃问题。猴子第一天摘下若干个桃子，当即吃了一半，还不过瘾，又多吃了一个。第二天早上又将剩下的桃子吃掉一半，又多吃了一个。以后每天早上都吃了前一天剩下的一半零一个。到第 10 天早上想吃时，只剩下一个桃子了。求第一天共摘多少个桃子。

【解答】

```
day=9
x=1
while day>0:
    x=(x+1)*2
    day-=1
print("total=",x)
```

【运行结果】

```
total= 1534
```

6．有 1、2、3、4 四个数字，能组成多少个互不相同且无重复数字的三位数？输出所有结果，每行输出 10 个。

【解答】 可以填在百位、十位、个位的数字是 1、2、3、4，组成所有的排列后再去掉不满足条件的排列。

```
counter=0
for i in range(1,5):
    for j in range(1,5):
        for k in range(1,5):
            if(i!=k) and (i!=j) and (j!=k):
                counter+=1
                print("%d %d %d,"%(i,j,k),end="")
                if(counter>10):
                    counter=0
                    print("\r")
```

【运行结果】

```
1 2 3,1 2 4,1 3 2,1 3 4,1 4 2,1 4 3,2 1 3,2 1 4,2 3 1,2 3 4,2 4 1,
2 4 3,3 1 2,3 1 4,3 2 1,3 2 4,3 4 1,3 4 2,4 1 2,4 1 3,4 2 1,4 2 3,
4 3 1,4 3 2,
```

7．采用简单选择排序法对 list=[2,6,7,3,9,1,4,7,90,34]进行升序排列。

【解答】选择排序法是对一组关键字{$K_1,K_2,\ldots,K_n$}，首先从 $K_1,K_2,\ldots,K_n$ 中选择最小值，假如它是 K_z，则将 K_z 与 K_1 对换；然后从 K_2，K_3，…，K_n 中选择最小值 K_z，再将 K_z 与 K_2 对换。如此进行选择和调换 n−2 趟，第(n−1)趟，从 K_{n-1}、K_n 中选择最小值 K_z 将 K_z 与 K_{n-1} 对换，最后剩下的就是该序列中的最大值，一个由小到大的有序序列。

```
def selection_sort(list):
    for i in range(0, len (list)):
        min = i
        for j in range(i + 1, len(list)):
            if list[j] < list[min]:
                min = j
        list[i], list[min] = list[min], list[i]    # 交换


list2=[2,6,7,3,9,1,4,7,90,34]
selection_sort(list)
print list
```

【运行结果】

```
[1, 2, 3, 4, 6, 7, 7, 9, 34, 90]
```

8．采用 while 语句实现判断输入的数字是否是素数。

【解析】 素数又称为质数，是一个大于 2 且不能被 1 和其本身以外的整数整除的整数。若 N 是素数，只能被 1 和 N 自身整除，即不能被 2，3，…，N−1 整除。根据一个命题的逆否命题等于其本身的定律。如果 2，3，…，N−1 之中只要有一个数能被 N 整除，N 就不是素数；反之，如果 2，3，…，N−1 之中没有一个数能被 N 整除，N 就是素数。

```
num=int(input('input a number'))
i=num//2
while i>1:
    if   num%i==0:
        print(num,' is not prime')
        break
    i=i-1
else:
    print(num,' is prime')
```

第 7 章　函数与模块

1．验证哥德巴赫猜想：一个不小于 7 的偶数可以表示为两个素数之和。

【Python 语言代码】

```
def Sub(n):
    fg=True
    for i in range(2,n-1):
        if n%i==0:
            fg=False
            break
    if fg==True:
        return True
n=int(input("请输入一个不小于 7 的偶数："))
for i in range(2,n):
    for j in range(2,i):
        if i+j==n and Sub(i) and Sub(j):
            print(n,"=",i,"+",j)
```

运行结果如下所示：

```
请输入一个不小于 7 的偶数：34
34 = 23 + 11
34 = 29 + 5
34 = 31 + 3
```

2．创建函数 swap（a,b)，功能如下：比较 a 和 b 两个数的大小，若是 a 小于 b，则交换两个数的位置。

【解答】

```
x,y=input('please input two number: ')
print "before swap:"
print x,y

def swap(a,b):
    if a<b:
        a,b=b,a
        print "after swap:"
        print a,b
```

```
    swap(x,y)
```

【运行结果】

```
    please input two number: 2,5
    before swap:
    2 5
    after swap:
    5 2
```

3．输入一个年份，判断是否为闰年。

【解答】

```
def leapyear(a):
    if a%400==0 or (a%4==0 and a%100!=0):
        print('%d is a leap    year!'%a)
    else:
        print('%d is not a leap year!'%a)
#调用函数
year=input('please input a year number:')
leapyear(year)
```

【运行结果】

```
please input a year number:2016
a leap    year!
```

4．若将某素数的各位数字顺序颠倒后得到的数仍是素数，则此数为可逆素数。求出100 以内的可逆素数。

【解答】

```
def isprime(num):
    flag=1;i=2
    while i <num:
        if num % i==0:
            flag=0
            break
        i=i+1
    if flag==1:
        return True,
def rev(n):
    r = 0
    while (n > 0):
        r = r * 10 + (n % 10)
        n //= 10
    return r
for i in range(3,100):
    if(isprime(i)):
        if isprime(rev(i)):
            print("%d"%i," ",end="")
```

【运行结果】

```
3 5 7 11 13 17 31 37 71 73 79 97
```

5．利用递归函数，将输入的 5 个字符，以相反顺序打印出来。

【解答】

```
def pai(n):
    next=0
    if n<=1:
        next=input("please input a number")
        print(next," ",end="")
    else:
        next=input("please input a number")
        pai(n-1)
        print(next," ",end="")
#递归调用
pai(5)
```

【运行结果】

```
please input a number4
please input a number5
please input a number6
please input a number3
please input a number7
 3  6  5  4
```

6．利用递归函数，打印 100 以内的奇数。

【解答】

```
def oddSum(n):
    if n <= 100:
        print(n)
        n += 2
        return oddSum (n)
#递归调用
oddSum (1)
```

7．设计函数实现将（1,2,3,-5,-4,5,9,-8,-1）中的所有负数都排列到正数的左边。

```
def S(list):
    for i in range(0,n):
        for j in range(0,n-1):
            if l1[j]>l1[j+1]:
                temp=l1[j]
                l1[j]=l1[j+1]
                l1[j+1]=temp
    return list
```

```
l1=[1,2,3,-5,-4,5,9,-8,-1]
n=len(l1)
print(S(l1))
```

程序运行结果如下所示：

```
[-8, -5, -4, -1, 1, 2, 3, 5, 9]
```

8．设计递归函数，求最大公约数。

方法一	方法二
循环实现	采用“辗转相除法”实现，递归公式如下所示。 $\gcd(m,n)=\begin{cases} n & m \text{ Mod } n=0 \\ \gcd(n, m \text{ Mod } n) & m \text{ Mod } n\neq 0 \end{cases}$

def gcd(x, y):
    g = y
    while x > 0:
        g = x
        x = y % x
        y = g
    return g
	def gcd(m,n):
	    if m % n==0:
	        return n
	    else:
	        return gcd(n, m%n)

第 8 章　面向对象程序设计基础

1．编写学生类，要求有一个计数器的属性，统计总共实例化了多少个学生。

【解答】

```
class Student:
    """学生类"""
    count = 0  # 计数
    def __init__(self, name, age):
        self.name = name
        self.age = age
        Student.count += 1  # 要使得变量全局有效，就定义为类的属性

    def learn(self):
        print("is learning")

stu1 = Student("jack", 33)
stu2 = Student("amy", 24)
stu3 = Student("lucy", 22)
stu4 = Student("lulu", 45)
print("实例化了%s 个学生" % Student.count)
```

2．编写人员类（Person），该类具有姓名（Name）、年龄（Age）、性别（Sex）等属性，通过对 Person 类的继承得到教师类（Teacher），该类能够存放教师的职称、学历、工资、奖金等信息，并能计算出总收入（工资+奖金）。

【解答】

```
class Person:
    def __init__(self,Name,Age,Sex):
        self.Name = Name
        self.Age = Age
        self.Sex = Sex
class Teacher(Person):
    sum=0
    def __init__(self,Name,Age,Sex,Title,Qual,Salary,Prize):
        self.Name =Name
        self.Age = Age
        self.Sex = Sex
        self.Title = Title
        self.Qual = Qual
        self.salary = Salary
        self.Prize = Prize
    def p(self):
        print("name:",self.Name)
        print("age:", self.Age)
        print("sex:",self.Sex)
        print("Title:",self.Title)
        print("Qual:",self.Qual)
        print("Salary:",self.salary)
        print("Prize:",self.Prize)
    def count(self):
        sum=self.salary+self.Prize
        print("sum is",sum)

tea = Teacher('li ming', 20,'male',"professor","doctor",5500,2000)
tea.p()
tea.count()
```

【运行结果】

```
name: li ming
age: 20
sex: male
Title: professor
Qual: doctor
Salary: 5500
Prize: 2000
sum is 7500
```

3．学校成员类（SchoolMember）具有成员的姓名和总人数。教师类（Teacher）继承学校成员类，具有工资属性。学生类（Student）继承学校成员类，具有成绩属性。要求：创建教师和学生对象时，总人数增一；对象消亡，总人数减一。

【解答】

```
# -*- coding: utf-8 -*-
class SchoolMember:
    sum_member = 0
```

```
    def __init__(self, name):
        self.name = name
        SchoolMember.sum_member += 1
        print("name %s" % self.name)
        print("count %d" %SchoolMember.sum_member)
    def say_hello(self):
        print("my name is:%s" %self.name)
    def __del__(self):
        SchoolMember.sum_member -= 1
        print("%s left, count is %d"%(self.name, SchoolMember.sum_member))
class Teacher(SchoolMember):
    def __init__(self, name, salary):
        SchoolMember.__init__(self, name)
        self.salary = salary
    def say_hello(self):
        SchoolMember.say_hello(self)
        print("i am a teacher,salary: %d" %self.salary)
    def __del__(self):
        SchoolMember.__del__(self)

class Student(SchoolMember):
    def __init__(self, name, mark):
        SchoolMember.__init__(self, name)
        self.mark = mark
    def say_hello(self):
        SchoolMember.say_hello(self)
        print("i am a student,Mark:%d" %self.mark)
    def __del__(self):
        SchoolMember.__del__(self)

t = Teacher("lao zhou", 3000)
t.say_hello()
s = Student("xiao wang", 77)
s.say_hello()
```

【运行结果】

```
name lao zhou
count 1
my name is:lao zhou
i am a teacher,salary: 3000
name xiao wang
count 2
my name is:xiao wang
i am a student,Mark:77
```

参 考 文 献

[1] 周元哲. Visual Basic 程序设计语言[M]. 北京：清华大学出版社，2011.

[2] 周元哲. Visual Basic.NET 程序设计[M]. 西安：西安电子科技大学出版社，2014.

[3] 周元哲. Python 程序设计基础[M]. 北京：清华大学出版社，2015.

[4] 周元哲. Python 程序设计习题解析[M]. 北京：清华大学出版社，2017.

[5] 周元哲，刘伟，邓万宇. 程序基本算法教程[M]. 北京：清华大学出版社，2016.

[6] 李文新，郭炜，余华山. 程序设计导引及在线实践[M]. 北京：清华大学出版社，2007.

[7] Paul Barry. Head First Python[M]. 林琪，等译. 北京：中国电力出版社，2012.

[8] 裘宗燕. 从问题到程序——程序设计与 C 语言引论[M]. 2 版. 北京：机械工业出版社，2011.

[9] 沙行勉.计算机科学导论——以 Python 为舟[M]. 北京：清华大学出版社，2014.

[10] 崔庆才. Python 3 网络爬虫开发实例[M]. 北京：人民邮电出版社，2014.

[11] 张若愚. Python 科学计算[M]. 北京：清华大学出版社，2012.

[12] Ryan Mitchell. Python 网络数据采集[M]. 陶俊杰，陈小莉，译. 北京：中国电力出版社，2012.

[13] 黄红梅，张良均. Python 数据分析与应用[M]. 北京：人民邮电出版社，2017.

[14] Python 中文社区[OL]. www.python.cn.

[15] Python 官方网站[OL]. www.python.org.

[16] Django 官方网站[OL]. www.djangoproject.com.

[17] 廖雪峰. Python 3 教程[OL]. www.liaoxuefeng.com.

[18] 菜鸟教程. Python 3 教程[OL]. www.runoob.com.

[19] Tkinter 的介绍[OL]. http://en.wikipedia.org/wiki/Tkinter.